海洋鋼構造物の
防食
Q&A

社団法人鋼材倶楽部編

技報堂出版

駿河湾大井川 沖暴露試験

海洋技術総合研究施設の全景

第一デッキ(長期防錆型塗装)

飛沫・干満部(塗覆装,高耐蝕性金属被覆)

海中部(アルミニウム合金陽極)

阿字ヶ浦海岸 鋼管杭の暴露試験

観測用桟橋（20年経過）

沖の鳥島 暴露試験

沖の鳥島，空中全景

作業基地の全景

II期暴露試験

SUS 304 鋼の電気防食試験体

			飛沫帯	
			+1942～+1190	+1190～+990
	No. 電位	方向	−	人工隙間付与部
非電気防食[*]	D-6 E_{corr}	東		
		西		
	No. 電位	方向		
電気防食[**]	D-7-2 −500 mV	北		
		南		
	D-8-2 −770 mV	北		
		南		

暴露期間/外観　　[*]　1993～1995年/隙間腐食が人工隙間付与部，付着生物下，溶接部
　　　　　　　　　[**]　1996～1998年/隙間腐食なし，完全に防食．

(駿河湾暴露試験体，2年間）付着物除去後

干満帯		海中部
＋140～－60	＋335～－535	＋810～－1010
人工隙間付与部	生物付着部	人工隙間付与部

隙間腐食
人工隙間付与(除去後)

人工隙間　　人工隙間　　人工隙間

等に多数発生．

海洋鋼構造物の防食 Q&A

まえがき

　周囲を海に囲まれた我が国は，海との調和を図りながら海洋空間や資源をさらに有効に活用していく必要がある．

　このため，厳しい腐食環境である海域における土木構造物の防食技術の確立は，構造物の安全性や長寿命化に貢献することは明らかであり，その成果は各方面から期待され1日も早い実用化が望まれている．

　科学技術振興調整費による「海洋構造物による海洋空間等の有効利用に関する研究」の一環として建設省土木研究所は，「防食等による海洋構造物の耐久性向上技術の開発」研究を昭和59年（1984年）から五カ年計画で開始した．建設省土木研究所は，社団法人鋼材倶楽部，社団法人プレストレスト・コンクリート建設業協会および財団法人土木研究センターと官民共同研究「海洋構造物の耐久性向上技術に関する研究」を開始した．この研究期間中に駿河湾大井川沖に「海洋技術総合研究施設」を設置し，この施設を利用した海中部から海上大気部にわたる海洋環境における防食技術に関する暴露試験を開始した．科学技術振興調整費による研究が終了した後，土木研究所は建設省予算で共同研究「海洋構造物の耐久性向上技術に関する共同研究」を上記3者と継続している．本共同研究では，防錆防食技術開発委員会（海洋構造物の耐久性向上技術に関する共同研究委員会）〔委員長：蒔田　實〕を組織し，その下に3つの分科会を設置して活動しており，有用なデータが多数得られている．

　これまで，共同研究で得られたデータは，共同研究報告書や各学協会で随時公表してきたが，さらに海洋開発関係に携わる技術者や一般の土木技術者，さらにこれから土木の分野に進もうとしている学生に海洋環境における構造物の腐食と防食技術について分かりやすく解説し，海洋開発に役立てるとともに海洋環境における最新の防食技術を普及することを目的として，本共同研究並びに土木研究所が実施してきた防食に関する研究成果および鋼材倶楽部等が公表している防食に関する知見に基づいて，海洋鋼構造物の防食技術に関する事項をQ＆A形式にとりまとめた．本書が海洋鋼構造物の防食技術について興味を呼び起こし，さらなる防食技術の発展につながることを期待するものである．

本書は，共同研究第一分科会を中心に鋼構造物の防食技術についてまとめたものであり，コンクリート構造物の防食技術については姉妹本である「海洋コンクリート構造物の防食Q&A」をご覧いただきたい．

　さらに専門的・具体的なデータ等に興味をお持ちの方は，共同研究報告書等を取り寄せていただければ幸いである．

平成13年10月

防錆防食技術開発委員会

防錆防食技術開発委員会

委員長	蒔田　實	(財)土木研究センター	参与
委　員	片脇　清士	(社)日本橋梁・鋼構造物塗装技術協会	理事
	明嵐　政司	独立行政法人 土木研究所	新材料チーム 上席研究員
	守屋　進	独立行政法人 土木研究所	新材料チーム 主任研究員
	佐伯　彰一	(財)土木研究センター	常務理事
	岡　扶樹	新日本製鐵(株)	建材開発技術部土木基礎建材技術グループマネジャー
	野口　忠久	(株)ナカボーテック	技術開発研究所 試験分析室 試験チームリーダー
	安井　常二	(社)プレストレスト・コンクリート建設業協会	専務理事
	酒井　博士	(株)ピーエス	開発技術第一部 主任研究員
	田辺　弘往	大日本塗料(株)	技術本部 基礎研究第一部 部長
	中家　俊和	関西ペイント(株)	船舶・鉄構塗料本部 第2技術部 課長
	安井　正宏	日本ペイント(株)	鉄構塗料部 技術グループ 課長
	佐藤　一郎	(社)鋼材倶楽部	市場開発部土木開発課 担当課長
	田中柳之助	元・(財)土木研究センター	顧問
	森　芳徳	(財)土木研究センター	専門調査役
事務局	金井　浩一	(財)土木研究センター	技術研究所 研究開発四部

順不同敬称略

海洋構造物耐久向上技術に関する共同研究第一分科会

主　査	*岡　扶樹	新日本製鐵(株)	建材開発技術部 土木基礎建材技術グループマネジャー
委　員	*宮坂明博	新日本製鐵(株)	鉄鋼研究所 表面処理研究部長
	*森　玄	NKK	建材センター 建材技術開発部土木建材チーム
	*藤田　栄	NKK	総合材料技術研究所 利用評価技術研究部　腐食防食チーム主査
	*村瀬正次	川崎製鉄(株)	技術研究所 表面処理研究部門主任研究員
	*山中和夫	住友金属工業(株)	建材事業部 建設技術部専門部長
	鈴木公明	(株)日本製鋼所	総合企画部　生産企画グループ特任主幹
	加古幸博	新日本製鐵(株) (日本チタン協会)	チタン部長
	武井和彦	日本鉛亜鉛需要研究会	部長
	*中家俊和	関西ペイント(株)	船舶・鉄構塗料本部 第2技術部課長
	*多記　徹	大日本塗料(株)	技術本部 基礎研究第1部 チームリーダー
	倉田忠志	中国塗料(株)	工業品塗料事業本部 滋賀事業所技術部 設計第二グループリーダー
	*望月紀保	(株)ナカボーテック	技術開発研究所 研究室室長
	岡嶋眞人	日本油脂(株) コーティングスカンパニー	海洋鉄構塗料本部 技術部
	奈良部博	三井金属塗料化学(株)	技術本部技術二部長
オブザーバー	山本一雄	(株)ナカボーテック	
事務局	佐藤英明	(社)鋼材倶楽部	市場開発部 土木開発課

＊：幹　事

クエスチョンマトリックス

	防食原理	材料と特性 (設計)	施 工	維持管理	性能評価	その他
総 論	Q01, Q02, Q03, Q04, Q05, Q06, Q07, Q08, Q09, Q10, Q15	Q10, Q12, Q14, Q16	Q17, Q77	Q11, Q13, Q71, Q72, Q73, Q74, Q75, Q76, Q77	Q73, Q75, Q76, Q87	Q77
塗 装	Q09, Q19, Q24, Q38, Q39, Q40, Q41	Q12, Q14, Q18, Q20, Q21, Q22, Q24, Q25, Q26, Q27, Q28, Q29, Q30, Q37, Q42, Q68, Q78	Q20, Q26, Q32, Q33, Q34, Q35, Q36, Q40, Q77, Q78, Q81	Q11, Q13, Q21, Q37, Q41, Q72, Q77, Q78, Q79, Q80, Q81	Q79, Q85, Q86, Q87	Q18, Q23, Q27, Q28, Q31
重防食： 有機	Q09, Q43, Q44 Q45, Q46, Q54	Q12, Q14, Q43, Q44, Q45, Q46, Q47, Q49	Q44, Q50, Q51, Q54, Q77, Q82, Q83	Q11, Q13, Q71, Q72, Q77, Q82, Q83	Q48, Q87	
重防食： 無機	Q09, Q52, Q53, Q54, Q55	Q12, Q14, Q53, Q56, Q57, Q58, Q59, Q60, Q61, Q62, Q67	Q77	Q11, Q13, Q71, Q72, Q77, Q84	Q56, Q87	Q61, Q62
電気防食	Q09, Q63, Q64, Q65, Q67, Q68	Q12, Q14, Q64, Q65, Q67, Q68	Q69, Q77	Q11, Q13, Q70, Q71, Q72, Q77	Q87	Q66

目　次

■ Q01　本書の内容 1

1. 腐食・防食全般

1.1　腐食の基礎
■ Q02　鉄はどうしてさびる？ 3
■ Q03　海洋での腐食のしやすさ 6
■ Q04　環境と鋼材腐食の特徴 8
■ Q05　注意すべき腐食要因 10
■ Q06　局部腐食の原因と防止法 12
■ Q07　異種金属接触腐食とは？ 14
■ Q08　生物付着の影響 18

1.2　腐食防止（防食）
■ Q09　防食法の種類 21
■ Q10　重防食被覆の種類と特徴 23
■ Q11　各種防食仕様の期待耐用年数とコスト 27
■ Q12　防食仕様 30
■ Q13　各防食仕様の耐用年数 33
■ Q14　超長期防食設計の具体例 36
■ Q15　腐食しろ 39

1.3　溶接と腐食
■ Q16　溶接部の腐食 42
■ Q17　現地での溶接施工 43

2. 塗装

2.1 塗装一般
- ■ Q18 海上橋の塗装仕様の変遷 45
- ■ Q19 塗膜の防食メカニズム 47
- ■ Q20 橋梁の防食塗装の特徴 48
- ■ Q21 防食塗装設計の考え方 50
- ■ Q22 塗料の有害物質は？ 53
- ■ Q23 橋梁のカラーデザイン 56

2.2 塗料と塗装仕様
- ■ Q24 ジンクリッチペイント 58
- ■ Q25 高耐久性塗料 60
- ■ Q26 海中で塗装できる塗料 62
- ■ Q27 新規機能性塗料 64
- ■ Q28 環境対応型塗料 66
- ■ Q29 飛沫帯や干満帯に適した塗装系 68
- ■ Q30 塗装仕様の種類 70
- ■ Q31 塗装の将来 73

2.3 施工と維持管理
- ■ Q32 現地での塗装方法 75
- ■ Q33 海上大気部での塗装施工管理 78
- ■ Q34 素地調整の種類 81
- ■ Q35 塗装時に下地に付着した塩分の影響と判定方法 83
- ■ Q36 塗装された鋼材の運搬・架設時の注意事項 85
- ■ Q37 塗装費用 88

2.4 塗膜の寿命
- ■ Q38 塗膜の劣化機構 90
- ■ Q39 塗膜寿命に影響する要因 92

- ■Q40 素地調整の塗膜寿命に与える影響...93
- ■Q41 塗膜の寿命..95
- ■Q42 色相による耐候性...97

3. 重防食

3.1 有機系
3.1.1 材料と特性
- ■Q43 ポリエチレンとウレタンエラストマーの有機ライニング...............99
- ■Q44 ペトロラタムライニング工法の特徴と適用例.............................103
- ■Q45 重防食被覆製品の継手部の防食..106
- ■Q46 重防食鋼管杭・鋼管矢板と鋼矢板の被覆厚さは？.....................108
- ■Q47 重防食被覆製品の色は？..109

3.1.2 耐久性
- ■Q48 重防食被覆の耐久性..111
- ■Q49 重防食被覆製品の腐食は？...113

3.1.3 現地施工
- ■Q50 現地での重防食被覆製品の施工上の留意点...............................114
- ■Q51 現地での重防食被覆製品の切断，剥離，溶接上の留意点..........118

3.2 無機系
3.2.1 防食原理
- ■Q52 無機系防食法...120
- ■Q53 金属被覆の防食効果..122
- ■Q54 金属被覆材や有機ライニング材の接合部の防食処理.................124
- ■Q55 金属被覆の異種金属接触腐食対策..126

3.2.2 材料と特性
- ■Q56 高耐食性の金属や合金...128
- ■Q57 海洋で使用可能なステンレス鋼と耐食性....................................130
- ■Q58 モネルとキュプロニッケル...132
- ■Q59 チタンの耐食性...134
- ■Q60 チタンの耐食性をさらに向上させる方法...................................138

- ■Q61 高耐食性金属や合金が海水で起こす特異な腐食 139
- ■Q62 ステンレス鋼やチタンへの塗装 140

4. 電気防食

4.1 防食原理
- ■Q63 電気防食法の原理と適用条件 141
- ■Q64 電気防食法の防食電位 144
- ■Q65 防食電流密度 146
- ■Q66 エレクトロコーティング 148

4.2 適用対象
- ■Q67 電気防食で耐食性金属のすきま腐食や孔食を防ぐ 151
- ■Q68 電気防食と塗装の複合防食 153

4.3 施工・維持管理
- ■Q69 電気防食の施工方法 156
- ■Q70 電気防食の防食性能の確認方法と留意点 158

5. 維持管理

5.1 維持管理全般
- ■Q71 防食の点検方法と留意点 162
- ■Q72 補修時期の判定方法 164
- ■Q73 海洋鋼構造物の余寿命予測 168
- ■Q74 干満帯以浅の補修方法とその耐久性 171
- ■Q75 腐食評価調査方法 172
- ■Q76 腐食モニタリング 174
- ■Q77 防食工事の安全・環境対策に関する法令・指針 176

5.2 塗装の保守・点検・維持管理
- ■ Q78 塗膜の早期異常劣化 178
- ■ Q79 塗膜の調査・点検方法 180
- ■ Q80 塗膜の塗替え時期の判定 183
- ■ Q81 塗替え方法 185

5.3 重防食（有機＆金属系）の補修
- ■ Q82 重防食被覆製品の損傷部の補修方法 187
- ■ Q83 重防食被覆製品の水中での補修方法 189
- ■ Q84 金属系防食被覆の補修方法 191

6. 促進試験・暴露試験
- ■ Q85 防食材料の室内促進試験法 192
- ■ Q86 塗膜の性能評価方法 194
- ■ Q87 海洋暴露試験場および暴露試験データ 196

索　引 199

Coffee Break

Coffee Break 1	鋼材の組織,加工ひずみと腐食の関係	9
Coffee Break 2	潮流や流砂による鋼材の摩耗腐食	11
Coffee Break 3	微生物腐食	19
Coffee Break 4	LCCと防食設計	34
Coffee Break 5	コンクリートの塗装	55
Coffee Break 6	超厚膜型塗料	110
Coffee Break 7	被覆防食に用いる固定治具について	133
Coffee Break 8	チタン溶射被膜電極を用いた電気防食工法	152
Coffee Break 9	防食電位と照合電極の関係	161
Coffee Break 10	防食工事における潜水作業の心得	177

01 本書にはどのような内容が含まれているのですか？

> 本書は実際に鋼構造物の計画・設計や維持・管理を行う土木エンジニアにとって、防食に関して参考となるものです．平面的には沿岸の海上から陸上まで，鉛直方向には海底土中から海上大気中までに設置された鋼材を用いた構造物で，防食することが望ましいものを対象とし，その防食方法を示します．「海洋鋼構造物の防食Q&A」というタイトルですが，陸上に設置された鋼構造物の防食にも参考になる内容を含みます．

　実際に鋼構造物の計画・設計や維持・管理を行う，主として土木分野の技術者にとって参考となる内容を含んでいます．従来土木分野の技術者にとって防食問題は馴染みが薄く，その重要性に対する認識もそれほど高くはなかったと思われます．それは，鋼材の腐食反応が，水と酸素の存在により鉄が鉄のイオンとなって溶け出す電気化学的反応であり，計画学や構造力学や水理学を中心とした土木教育の対象外であったこと，および設計指針に従った塗装や電気防食さえ行っておけば問題が生じないとされてきたことによると思われます．しかし，LCC (Life Cycle Cost) の考え方の重要性が認識されるにつれ，金属疲労の問題と同様に鋼構造物の寿命を左右するものとして，防食に対する関心が高まってきているようです．本書は，土木技術者に対する鋼構造物防食の導入書を目指し，さらに専門的な内容に関しては参考文献を示すこととしました．

　対象とする海洋構造物は，沿岸の海上から陸上に設置された鋼構造物で防食措置が望ましいものです．具体的には，

a) 橋梁
b) 桟橋，護岸，港湾施設
c) 水門
d) 海底トンネル
e) メガフロート（鋼製の巨大な浮体構造物）

などであり，本書ではこれらの鋼構造物に関して，その防食法別に，あるいは部位・腐食環境別に，1題2ページ程度の内容で平易にまとめてあります．

　また，本書のタイトルは「海洋鋼構造物の防食Q&A」ですが，陸上の鋼橋の防食にも応用できる要素を含んでいます．日本は四方を海で囲まれており，飛来

塩分が内陸部を含め至るところで観測されます．飛来塩分が付着すると塗装表面が湿潤した状態になりやすく，その結果，塗装を通して鋼材表面に酸素と水が供給されやすくなり腐食が進行します．したがって，塗装された鋼材に対する腐食環境の目安として飛来塩分の量が重要な要因となります．このような観点から防食を考えますと，海上も陸上も同様に取り扱えます．

02 鉄はどうしてさびるのですか？

> 水と空気を主体とするこの地球環境において金属は金属固体であるより酸化物や水酸化物，あるいはイオンである方が熱力学的に安定です．そのため金属としての鉄は安定な酸化物の状態に戻ろうとしており，水分や酸素等の条件がそろえば容易に酸化物や水酸化物に戻ってしまいます．つまりさびることになります．

通常，水，空気を主体とするこの地球環境において金属は金属固体であるより酸化物や水酸化物，あるいはイオンである方が熱力学的に安定です．そのため金属の多くは水，酸素との「化学反応」により熱力学的に安定なこれらの状態に変化していきます．金属のこのような化学反応による現象を一般的に「金属腐食」と称しています．

金属の腐食には湿食と乾食があります．大気や海水環境などの常温水溶液環境中において鉄がさびる場合は湿食です．湿食の原理は鉄の上に付着した水分により，図1に示すような局部電池が形成されることによります．つまり電気化学的反応が生じて腐食が進みます．

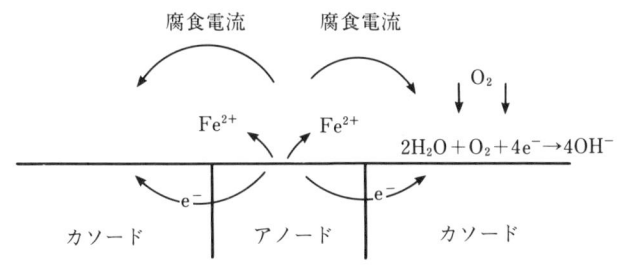

図1 局部電池説明図（佐藤[1]）

図1において鉄がイオンとなって溶出する場所，つまり電子が放出される場所をアノードといい，放出された電子が還元反応によって消費される場所をカソードといいます．

アノードでは次の反応により鉄がイオンとなり，電子が放出されます．

$$Fe \rightarrow Fe^{2+} + 2e^-$$

カソードでは次の 2 通りの反応が起こります．
　（酸性環境）　　$2H^+ + 2e^- \rightarrow H_2 \uparrow$
　（中性環境）　　$O_2 + 2H_2O + 4e^- \rightarrow 4OH^-$
全体としてみれば，次の式で示されるように鉄が酸素および水と反応して水和した酸化物になる反応です．
$$2Fe + \tfrac{3}{2}O_2 + nH_2O \rightarrow Fe_2O_3 \cdot nH_2O$$
　また腐食が進行するにはアノードとカソードの反応が等量で進行することが必要で，どちらかの反応が抑制されればもう一方の反応も抑制されます．この場合の反応速度はすなわちアノードとカソードの間を流れる腐食電流です．つまりどちらかの反応を起こりにくくしてやれば腐食電流が減少し，腐食を抑制することができます．

　ある物質が化学反応を起こすかどうかは，その物質（反応物）とその各種化合反応生成物の熱力学データに基づいた化学平衡状態図により推定することができます．常温水溶液環境中での腐食では，水と金属の化学反応が問題となることから，金属–水系における化学平衡状態図が用いられます．さらに，先に示したように金属の腐食反応は電子の授受を伴う電気化学反応であることから，M. Pourbaix（プールベ）[2]は水中における金属の熱力学データを簡便にまとめた電位–pH 図を考案しました．これを腐食の分野では考案者の名前をとって Pourbaix diagram と称します．

　この図表はあくまで平衡状態図であって，その腐食反応が速いか遅いかは示しませんが，ある電位および pH において金属が反応するかしないか，また反応して酸化物（あるいは水酸化物）で存在するか，溶液中においてイオン状態で存在するかを判定することができます．

　図 2 および図 3 に，鉄の Pourbaix diagram と各環境での鉄の安定性を示しました．この Pourbaix diagram から以下のことがわかります．Fe（金属鉄）の安定域では表面皮膜なしでも腐食しない非腐食域（Immunity）であり，この特性を使ったカソード防食法は鉄を防食する最も手っ取り早い方法であって，海水中，淡水中，土壌中の鋼構造物の防食に一般的に使われています．次に，イオン（Fe^{2+}，Fe^{3+}，$HFeO_2^-$）の安定域では Fe がイオンとして溶出する腐食域です．Fe_3O_4（マグネタイト）の安定域では鉄表面に黒色の表面皮膜を生成します．しかし，この皮膜は下地鉄の保護性を示しません．Fe_2O_3（ヘマタイト）の安定域では，薄く透明な下地鉄の保護性に優れた表面皮膜をつくる耐食域（不働態域）が存在します．

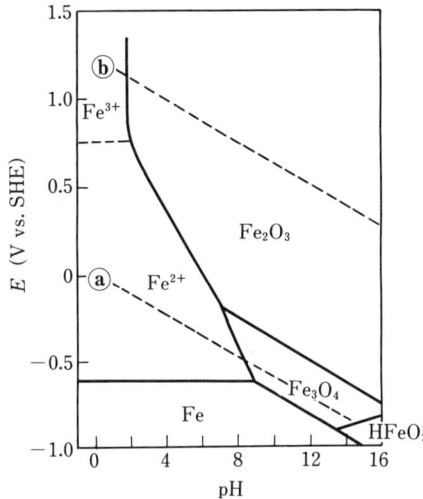 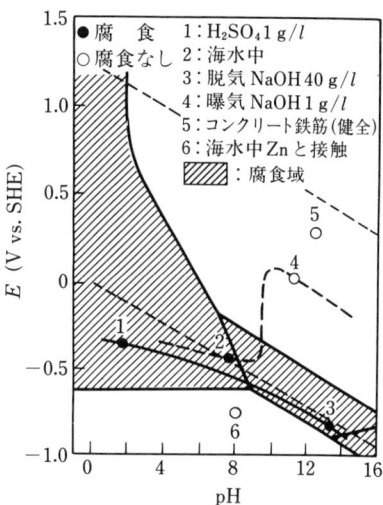

図2 Fe–H$_2$O 系電位-pH 図 (25°C) Fe$_2$O$_3$, Fe$_3$O$_4$ を安定相とし，イオン (Fe^{2+}, Fe^{3+}, HFeO$_2^-$) の活量を 10^{-6} としている．ⓐ〜ⓑ間は水の安定域

図3 各種環境 (1〜6) 中で測定した Fe の電位 (腐食電位 E_{corr} など) と環境液の pH を左図中に記入したもの．酸素なし (1,3) と酸素あり (2,4,5) とで，酸性・中性側では違わないが，pH 9 以上のアルカリ側では大きく異なる—不働態化するためである

参考資料

1) 佐藤 靖：防錆・防食塗装技術, pp.5-9 (工学図書, 1981)
2) M. Pourbaix：Atlas of Electrochemical Equilibria in Aqueous Solutions (Pergamon Press, New York, 1966, NACE, Houston, 1974)
3) 腐食防食協会 編：材料環境学入門, p.264 (丸善, 1993)

03 海洋環境で鋼材が腐食しやすいのはどうしてですか？

> 海水中での鋼材の腐食は淡水と同じように溶存酸素によって支配されます．これに加えて，淡水に比較して高い電気伝導性をもつ海水では鋼材表面への酸素の供給速度が洋上部と海中部で異なることによるマクロセル腐食や，生成したさびの酸化・還元により，鋼材の腐食が加速されやすくなります．このほかに波浪や漂砂によるさびの剥離，温度変化などが鋼材の腐食を淡水よりも大きくすることが知られています．

表1に淡水と海洋環境における鋼材の各部位での腐食速度を表示しました．海中部では淡水における腐食速度と同程度です．

表1 淡水と海水における鋼材の腐食速度の比較

淡 水	海 水		
	飛沫帯以上	干満帯近傍海水部から以浅	海中部
~0.2 mm/y	~0.3 mm/y	0.05~0.3 mm/y	0.1~0.2 mm/y

しかし，飛沫帯から干満帯近傍海水部では不均一腐食の傾向をとります．このような箇所での鋼材の大きな腐食は「集中腐食」とよばれています．これらの箇所では鋼材の腐食速度が「0.3 mm/y以上」になることがあります．

海水中には塩分が約3.5%含まれていて，電気伝導度が高く，また常に大気から酸素が海水に供給されています．pHは約8で，淡水とともにほぼ中性環境です．

淡水に比較して飛沫帯と干満帯近傍海水部における鋼材の腐食速度が大きいのは，次のような影響が大きいからといわれています．
① 付着海塩の潮解性により鋼材表面が濡れやすくなっている．
② 海水飛沫の乾湿繰返しが起きている．
③ 波浪により海水が撹拌状態になっていて，海水表面の溶存酸素の濃度が高くなり，マクロセル腐食が増える．

このような影響を受けた場合には，鋼材の腐食は淡水に比較して大きくなります．これらの関係を図1に示しました．

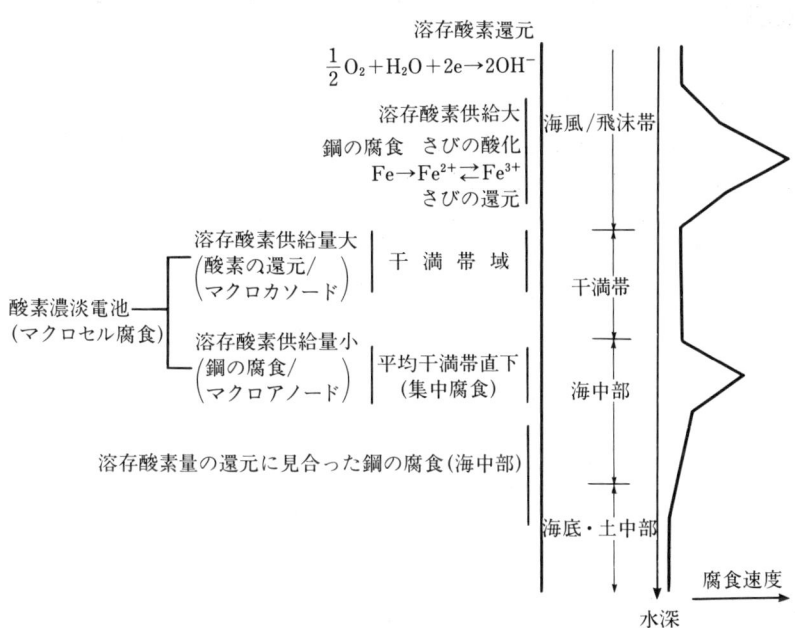

図1 海洋環境における無防食鋼材の腐食分布図 (模式図)

04 海洋構造物の環境と鋼材の腐食の特徴について教えて下さい．

> 海洋構造物は，海上大気部，飛沫帯，干満帯，海中部，海底土中部および背面土中部の6つの環境にさらされ，飛沫帯が最も大きい腐食速度を示します．干満帯直下も飛沫帯と同程度の大きい腐食速度を示します．

海洋構造物の置かれる海洋環境について以下に述べます．

海洋構造物は海上大気部，飛沫帯，干満帯，海中部，海底土中部，それに背面土中部にさらされます．これらの環境の特徴と腐食特性について表1にまとめました．

表1 海洋鋼構造物の環境の特徴とその腐食特性

	環境	環境の特徴	腐食特性
	海上大気部	風が微細な海塩粒子を運ぶ（海面からの距離により環境の腐食性は変化する．風速，風向，降雨，気温，日射量，ほこり，季節，汚染などの腐食因子）	日陰で風雨が当たる部位は，風雨で飛来塩分が洗い流されるので，当たらない部位より腐食速度が小さい．
最大腐食域→	飛沫帯	鋼表面は，十分に酸素を含む薄い水膜で濡れている．生物付着はない．	腐食速度は，最も大きい．
最大腐食域→	干満帯	潮汐により乾湿が繰り返される．	干満帯から海中部に連続している構造物では，M.S.L.付近が酸素濃淡電池のカソードとして作用する．塗膜の損傷部での腐食速度は大きい．
	海中部	生物付着，流速などが腐食因子として作用する．	干満帯から海中部に連続している構造物では，M.L.W.L.直下付近が酸素濃淡電池のアノードとして作用し，腐食速度が大きい．
	海底土中部	硫酸塩還元バクテリアなどが存在することがある．	硫化物は，鋼の腐食や電気防食特性に影響を及ぼす．
	背面土中部	残留水位より上では土壌環境とほぼ同じ．	土壌環境に類似している．
		残留水位より下では海底土中とほぼ同じ．	海底土中部に類似している．

(注) M.S.L.：平均飛沫水位，M.L.W.L.：平均干満水位
(出典)「防食ハンドブック」[1)]

飛沫帯では，海水の飛沫により構造物表面に塩分が付着・濃縮されること，乾湿の繰返し，大気からの十分な酸素の供給により鋼材の腐食速度が大きくなります．

干満帯直下では，それと連続している干満帯との酸素濃淡電池 (またはマクロセル) の形成により飛沫帯と同程度の大きな腐食速度を示します．

参考資料
1) 鋼管杭協会：防食ハンドブック，pp.2–11 (1998)

Coffee Break 1 　鋼材の組織，加工ひずみと腐食の関係

　鋼材のもつ組織 (ほとんどがフェライト/パーライト) が腐食に対して影響することは特定の試験環境で認められています．例えば，硫化水素が存在する環境での水素誘起割れ，組織観察をするためのナイタール (硝酸–アルコール混合水溶液) エッチング溶液などがあります．しかし，実際の海洋環境では鋼材のもつ組織が腐食に影響することは明確にはなっていません．これは海洋環境では電気伝導度が高いなどの環境要因に強く依存した鋼材の腐食が起こり，腐食に及ぼす影響は電気伝導度の方が大きいためと考えられます．
　同様に加工ひずみや圧延組織についても，鋼材の腐食に与える影響は明確になっていません．

05 海洋環境で特に注意すべき腐食要因は何でしょうか？

表1に示しますように海洋環境には，塩分，特に塩化物と硫酸塩が多く含まれていて，海水の電気伝導度（48 000 μS cm^{-1}程度）や硬度（6 000 CaCO$_3$ mgl^{-1}）が淡水（それぞれ～500 μS cm^{-1}，100 CaCO$_3$ mgl^{-1}）よりも高いことが特徴としてあげられます．また，常に大気と接していますので，海面に近い海水の溶存酸素は飽和状態にあります．これらの要因は海洋で用いられる鋼材にとって厳しい腐食因子として働きます．

表1 海水の主要成分

主な成分		ppm	主な成分		ppm
塩化物	Cl$^-$	18 980.0	ナトリウム	Na$^+$	10 556.1
硫酸塩	SO$_4^{2-}$	2 649.0	マグネシウム	Mg^{2+}	1 272.0
重炭酸塩	HCO$_3^-$	139.7	カルシウム	Ca^{2+}	400.1
臭化物	Br$^-$	64.6	カリウム	K$^+$	380.0
ふっ化物	F$^-$	1.3	ストロンチウム	Sr^{2+}	13.3
ほう酸	H$_3$BO$_4$	26.0			

（出典）「材料環境学入門」[1]

海水腐食における第一の腐食因子は溶存酸素です．海水の溶存酸素は淡水とほぼ同じですが，表1に示すように，電解質が多く存在するので，電気伝導度が大きくなります．もし水深方向で鋼材表面への酸素の供給量が異なると，マクロセル腐食が生じます．その影響が鋼材の腐食に顕著に現れます．また，塩分の付着により鋼材表面が濡れた状態を保持しやすくし，鋼材の腐食生成付着物（さび）が酸化・還元を受けやすい状態になることが，そのような部位（海面付近）の鋼材の腐食を促進します．

このほかに
(1) 水深方向での水質の違い
　　特に水深方向で溶存酸素の濃度が異なることによる酸素濃淡電池の形成や河口域における淡水と海水の存在（気水域，感潮河川水といわれます）によりマクロセル腐食が誘起されます．
(2) 海岸線に沿った方向（水平方向）における異なった水質環境によるマクロセル腐食

これは構造物が大きくなると起こりやすくなります．
(3) 海水中の微生物による腐食
　汚染海域における硫酸塩還元バクテリアによる腐食が古くから知られていますが，最近はそれ以外の微生物についても注目されている腐食現象です．
(4) 波浪と潮流
　港湾設備と護岸設備に波浪の影響の違いが鋼材の腐食にみられることがあります．この現象は溶存酸素の供給の違いとして説明されます．
　また海域によっては，潮流の激しいところでエロージョン・コロージョンが問題になることがあり，立地条件も無視できないことがあります．
(5) 海生生物の付着や構造的な要因に起因する「すき間腐食」が発生することがあります．

参考資料
1) 腐食防食協会 編：材料環境学入門, p.153 (丸善, 1993)

Coffee Break 2　潮流や流砂による鋼材の摩耗腐食

　潮流や海底部の土砂の動きによって鋼材が摩耗(エロージョン)を受けることがあります．特に波浪海域では水深方向で鋼材の海水腐食以外にエロージョン腐食が付加されます．このような海域では海底部土砂の激しい動きによるサンドエロージョンが顕著に見られます．この現象による鋼材の腐食速度は 0.7 mm/y 以上になることが知られています．海中部の腐食速度が 0.1 mm/y 前後であることと比較しますと，エロージョンを伴う鋼材の腐食は非常に大きいことがわかります．

　このような海域は北海油田のようなところや波崎海岸(ここには流砂観測所があり，実構造物である桟橋杭で各種鋼材あるいは防食工法の長期試験が実施されています)が該当します．この種の鋼材の腐食に対して電気防食の適用が有効である，という試験結果が最近報告されています．

参考資料
1) 阿部 正美, 上田 茂, 志水 一夫：波浪海域のサンドエロージョンに対する電気防食の防食効果, 材料と環境, Vol.47, No.1, pp.36-41 (1998)

06 海洋環境で見られる局部腐食はなぜ発生するのですか？またその防止法を教えて下さい．

　海水腐食に見られる顕著な局部腐食は，さび層や付着生物などの下で局部的に腐食が進行する飛沫帯，それに干満帯との酸素濃淡電池により集中的に腐食が進行(集中腐食とよばれることがある)する干満帯直下の2箇所で発生します．

　このような腐食を防止するには，飛沫帯から干満帯より深い水深域にかけて被覆防食を適用することが一般的に行われています．しかし海水に接する被覆端部がすき間腐食の発生要因になる可能性がありますので，海水中では電気防食を併用することが望まれます．

　局部腐食とは「鋼材(金属)の表面に孔状，溝状の腐食または腐食割れが部分的に生じて，その他の部分は比較的軽微な腐食損傷状態にあるか，見掛け上ほとんど腐食を生じていない状態」をいいます．局部腐食には，孔食，溶接部の選択腐食，すき間腐食，粒界腐食，それに応力腐食割れなどがあります．

　土木構造物用鋼材は，大気中では全面腐食を起こすのが一般的です．しかし淡水や海水あるいは土壌中では局部腐食が問題になることがしばしば見受けられます．

(1) 局部腐食の発生の仕方

　海水腐食に見られる顕著な局部腐食は，さび層や付着生物などの存在で局部的に腐食が進行する飛沫帯，それに干満帯との間で形成される酸素濃淡電池により集中的に腐食が進行する干満帯直下の2箇所で発生します(図1および表1)．

　このような局部腐食の発生は，酸素濃淡電池と呼ばれる腐食電池が形成されることと，生成するさびの酸化・還元によるものと考えられます．

　図2に示すように，干満帯では酸素の拡散(供給)が速いためにカソード(陰極)となり，それに近接する干満帯直下の海中部がアノード(陽極)となり，後者の腐食が促進されます．腐食生成物がアノード部に付着・堆積しますと，その箇所の素地鉄へ酸素の供給がさらに妨げられるために，酸素濃淡電池によるアノード部の腐食が激しくなり，この部分に集中した腐食が生じます．また，付着生物などは，溶存酸素の鋼材表面への拡散を妨げるために，その箇所でも局部腐食が促進されます．

　これに腐食生成物の還元作用による素地鉄の腐食が増えます．特に海洋鋼構造

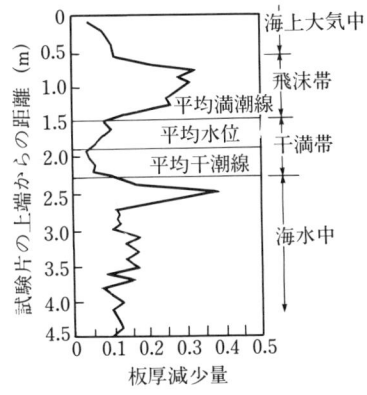
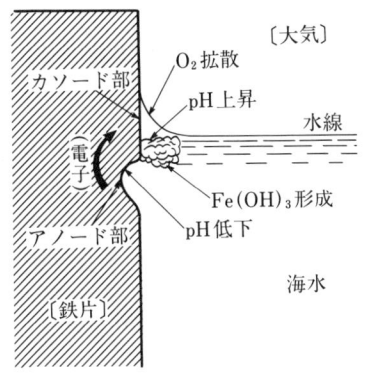

図1 海洋鋼構造物の板厚減少プロファイル(「土木構造物の腐食・防食Q&A」[1])

図2 海水環境における普通鋼の局部腐食パターン(「土木構造物の腐食・防食Q&A」[1])

表1 海洋の腐食環境と腐食特性

腐食環境	腐食特性
海上大気部	海塩粒子の影響で内陸大気部より腐食速度が大きい.
飛沫帯	海水の飛沫により十分に酸素を含む薄い水膜で覆われる.日射や風による飛沫帯乾燥もあり,濡れと乾燥を繰り返す.腐食速度が最も大きい.
干満帯	海中部の表層部とマクロセルを形成し,カソードとなるので,腐食速度は比較的小さい.
海中部	マクロセルのアノードとなり,干満帯直下での腐食速度は大きい.波浪,付着物等により深層部より表層部の腐食速度が大きい.
背面土中部	海底土中部とほぼ同じ.

(出典)「コンクリート鋼構造物の新しい腐食防食技術」[2]

物の平均干満帯域直下付近は著しい腐食が促進される局部腐食形態をしばしば生じます.これを「集中腐食」と呼ぶことがあります.

(2) 局部腐食の防止方法

上述した局部腐食を防止するには種々の方法があります.海中において最も広く用いられている方法は電気防食です.ただし,この方法は飛沫帯には効果がなく,干満帯には効果が少ないので,そのような部分には防食塗装やライニングを適用するのが一般的です.それによって局部腐食の原因となる鋼材への直接の生物付着も防止できます.しかし,海水に接する被覆端部が新たなマクロセル腐食の要因になる可能性もあるために,海中部は電気防食を併用することが有効です.

参考資料
1) 鋼材倶楽部:土木構造物の腐食・防食Q&A, p.7 (1992)
2) エヌ・ティー・エス:コンクリート構造物の新しい腐食防食技術, p.128 (1999)

07 異種金属接触腐食とはどのような腐食現象ですか？

図1に示すように，海水中の金属はそれぞれ固有の腐食電位を示します．異なる金属が海水中で電気的に接触していると，貴な(高い)電位をもつ金属によって，より卑な(低い)電位を示す金属が溶出しやすい電位に高められるために後者の腐食が促進されます．このような現象を異種金属接触腐食といいます．

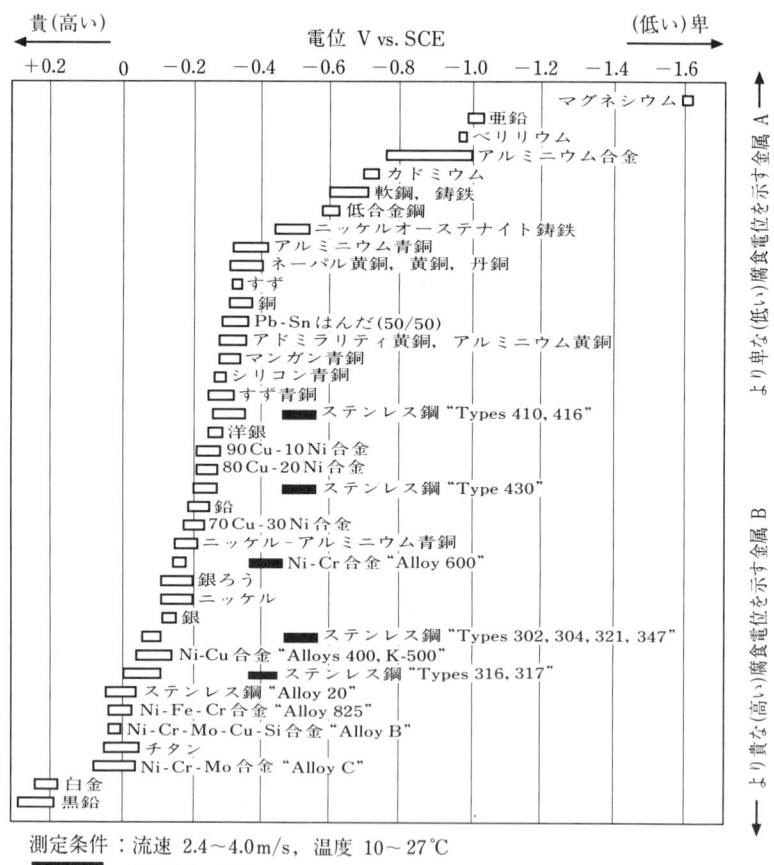

図1 流動海水中の各金属間の腐食電位列（「金属の腐食・防食 Q & A 石油産業編」[1]）

異なる金属が海水,淡水,大気からの凝縮水,あるいは土中のような連続した電解質中で電気的につながっている場合に,両者の腐食電位の違いによってより卑な電位の金属の腐食が促進される現象を「異種金属接触腐食」といいます。この現象を「電食」ということがありますが,それは正しい用法ではありません.

異種金属接触腐食が生じると,より貴な電位の金属の腐食は抑制されることになります.例えば,AlやZnと接触した鋼材では,AlあるいはZnが腐食するのに対して鋼はカソード防食されます.このような腐食の模式図を図2に示します.海中部で用いられる流電陽極方式の電気防食は,異種金属接触腐食を有効に利用した防食法の一例ということができます.

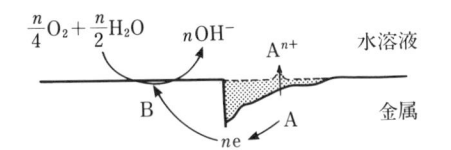

$\frac{n}{4}O_2 + \frac{n}{2}H_2O$　　nOH^-　　A^{n+}　　水溶液

A:卑な(低い)電位をもつ金属, B:貴な(高い)電位をもつ金属

B　　　A　　金属
ne

図2 異種金属接触腐食の模式図

異種金属を接触させた場合の腐食傾向は,腐食環境下における金属の腐食電位列の位置関係,分極特性,腐食環境の電気伝導度,両者の距離および双方の面積比に大きく影響されます.すなわち,

① より卑な電位をもつ(図1の右側にある)金属種の腐食がより貴な電位をもつ(図1の左側にある)金属により加速されます.
② 分極特性(分極曲線)に変化が生じるような場合,例えば,流速が速くなり溶存酸素の供給速度が大きくなるような現象が生じた場合,図3に示すように貴な電位をもつ金属(B)のカソード分極特性の変化が大きな影響を及ぼし,異種金属接触腐食は加速されます.
③ 腐食環境の電気伝導度が小さくなると,異種金属接触腐食の程度が小さくなります.
④ 表1に示すように,(卑な金属の面積)/(貴な金属の面積)の比が小さくなるほど,卑な金属の腐食速度が大きくなります.

このような腐食は,ボルトなどによる接合部や溶接部,ろう付け部で異種金属が接合される場合にしばしば問題になります.

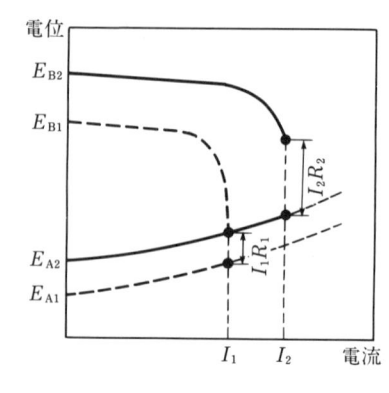

図3 分極特性の変化が異種金属接触腐食に及ぼす影響の一例(概念図)

E:自然電位,
I:異種金属接触腐食電流,
R:極間抵抗.

添え字
A:卑金属,
B:貴金属,
1:低流速時,
2:高流速時

表1 海水中における腐食の加速に対する2つの材料の組合せの影響[2]

A \ B 面積比 B/A	軟鋼			ネーバル黄銅**他			90Cu·10Ni			70Cu·30Ni			70Ni·30Cu			18Cr·12Ni·Mo			チタン			黒鉛		
	大	1/1	小	大	1/1	小	大	1/1	小	大	1/1	小	大	1/1	小	大	1/1	小	大	1/1	小	大	1/1	小
軟鋼				●	●	●	●	●	●	●	●	●	○	●	●	○	●	●	●	●	●	●	●	●
ネーバル黄銅**他	○	●	●				●	⊘	⊘	●	⊘	⊘	⊘	⊘	⊘	○	●	●	●	●	●	●	●	●
90Cu·10Ni	○	●	●	⊘	⊘	●				⊘	⊘	⊘	●	●	●	○	●	●	●	●	●	●	●	●
70Cu·30Ni	○	●	●	⊘	⊘	●	⊘	○	○				●	●	●	○	●	●	●	●	●	●	●	●
70Ni·30Cu	○	●	●	⊘	⊘	●	⊘	⊘	●	⊘	⊘	⊘				○	●	●	●	●	●	●	●	●
18Cr·12Ni·Mo	○	●	●	⊘	⊘	⊘	⊘	⊘	⊘	⊘	⊘	⊘	⊘	⊘	●				⊘	●	●	●	●	●
チタン	○	⊘	●	⊘	⊘	⊘	⊘	⊘	⊘	⊘	⊘	⊘	⊘	⊘	⊘	⊘	⊘	●				⊘	⊘	⊘
黒鉛	●	●	●	●	●	●	●	●	●	●	●	●	●	●	●	●	●	●	⊘	⊘	⊘			

* ○:いずれの材料の腐食もあまり影響されない.
⊘:環境条件により影響の程度は異なる. ⎱ 表の右上半分ではA欄の材料が腐食され,表の左下半分
●:いずれかの材料の腐食が加速される. ⎰ ではB欄の材料が腐食されることを示している.

** ネーバル黄銅,アルミニウム黄銅,アドミラルティ黄銅,マンガン青銅など.

こうした腐食現象を防止する主な方法を以下に列記します.
a) 絶縁体(例えば絶縁シートなど)により異種金属どうしを電気的に絶縁します.
b) 電位差の小さい金属体を組み合わせるように設計します.
c) 電気防食を適用します.
d) 腐食されやすい金属面を電位の貴な(高い)金属より大きな面積にします.

e) 全体を防食塗装します．これは両金属の接触距離を大きくすることに相当します．注意すべきことは，アノード側になる金属のみを塗装することは避けることです．これは，塗装部に欠陥部があった場合，欠陥部の腐食を加速するからです．

参考資料
1) 腐食防食協会：金属の腐食・防食 Q & A 石油産業編, p.180 (丸善, 1999)
2) 腐食防食協会編：防食技術便覧, p.67 (日刊工業新聞社, 1986)

08 海洋鋼構造物ではフジツボなどが付着しますが、これらは鋼材の腐食に影響しますか？

> 生物が付着した箇所では酸素供給が不足するのに対して、その周辺では酸素の供給があるために、両者の間で酸素濃淡電池が形成され、生物が付着した箇所がアノードとなって局部腐食が進行します。
> しかし、付着生物が鋼表面に不透水性のカルシウム膜を形成し、鋼材の腐食を抑制することもあります。

一般に海洋では鋼材に貝や海草の類が付着し、生育します。こうした付着生物が局部腐食を促進することがあります。一方でフジツボ、イガイ、カキなどの数種の生物は鋼表面に不透水性のカルシウム膜を形成し、鋼材の腐食を抑制することが知られています。

生物付着による腐食は、電気化学的、化学的あるいは物理的な作用による腐食であって、生物そのものが鋼材を腐食させるものではありません。具体的には次のような作用が考えられます。

(1) 酸素濃淡電池作用による鋼材の腐食

付着生物に覆われた鋼材表面は、酸素の供給が妨げられ、覆われていない他の表面との間に酸素濃度の濃淡(供給速度の違い)による腐食電池が形成されます。このような状態では酸素供給が不足している付着生物下の鋼材が腐食されやすくなります。この様子を図1に模式的に示します。

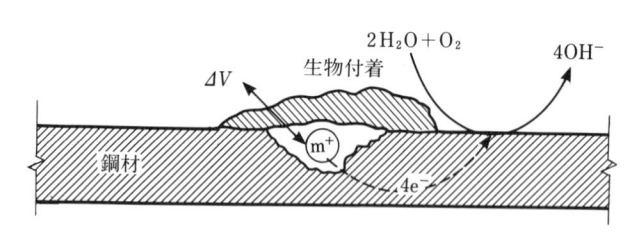

図1 生物付着状態における酸素濃淡電池作用による鋼材の局部腐食模式図。m^+：金属イオン、ΔV：電位差、e^-：電子 (B. Little, et al.[2]に一部加筆)

(2) 腐食促進物質の生成

付着生物は、腐食促進物質を生成することがあります。例えば、付着生物の炭酸同化作用による酸素発生があります。また、死滅した生物はその分解により硫

化水素を発生することがあります．このような物質が金属体の腐食を促進します．最近は微生物の活性化による微生物腐食も知られています．

(3) 塗膜の損傷

塗膜の上に生物が付着して，その結果塗膜に傷が付いたり，孔をあけて，鋼材の腐食を引き起こすことがあります．特にフジツボは鋼素地まで達するほどの損傷を与えることがあります．

参考資料
1) 鋼材倶楽部：土木構造物の腐食・防食 Q & A, pp.34–35 (1992)
2) B. Little, et al.：Electrochem. Acta, Vol.37, pp.2185–2198 (1992)

Coffee Break 3　微生物腐食

微生物の活動による金属材料の腐食を微生物腐食 (Microbiologically Influenced Corrosion, MIC) といいます．一般に微生物腐食で問題になるのは"バクテリア"による腐食であり，鋳鉄，炭素鋼，低合金鋼，ステンレス鋼，銅，アルミニウムにおいて発生した例が知られています．表1にこの種の腐食に関与する微生物種を示します．

表1　腐食に関与するバクテリア種

種	O_2 要求	pH	温度	反応
鉄バクテリア (IB)	好気性	7.5〜9.5	20〜30	Fe^{2+} を Fe^{3+} に酸化し，さびこぶ形成を促進する
鉄酸化バクテリア (IOB)	好気性	0.5〜6.0	10〜40	H_2SO_4 酸性環境中で，Fe^{2+} を Fe^{3+} に酸化する．
硫黄酸化バクテリア (SOB)	好気性	0.5〜6.0	10〜40	S および酸化物を H_2SO_4 に酸化する．
硫酸塩還元バクテリア (SRB)	嫌気性	5.5〜7.5	25〜45	カソード反応および硫化物の生成を促進する．
メタン生成バクテリア (MPB)	嫌気性	4〜8	25〜45	酢酸を消費してメタンを生成する

(出典) 梶山ほか[1]

"硫酸塩還元バクテリア"は酸素濃度の低い pH 6〜8 の粘土質土壌で最も繁殖しやすく，海，河川，湖などの底土に広く生息しています．このバクテリアの代謝作用として，下式のようなカソード反応が起こります．

$$SO_4^{2-} + 8H^+ + 8e^- \rightarrow S^{2-} + 4H_2O$$

その結果，水素発生反応を促進するために，金属の腐食を増大させます．また，同時に生成した硫化物によってアノード反応も促進されます．

"鉄バクテリア"は，比較的好気性の水生菌で，水中に存在する酸素を消費して，鉄(II)塩を鉄(III)塩に酸化して，そのときに発生するエネルギーをその菌が取り込んで生息します．このバクテリアが金属面に付着・繁殖すると，酸素と鉄(III)イオンを消費するために，その部分は酸素濃淡電池のアノードとなり，腐食が促されます．図1に微生物腐食を自然界の硫黄循環との関係でとらえた図を示します．

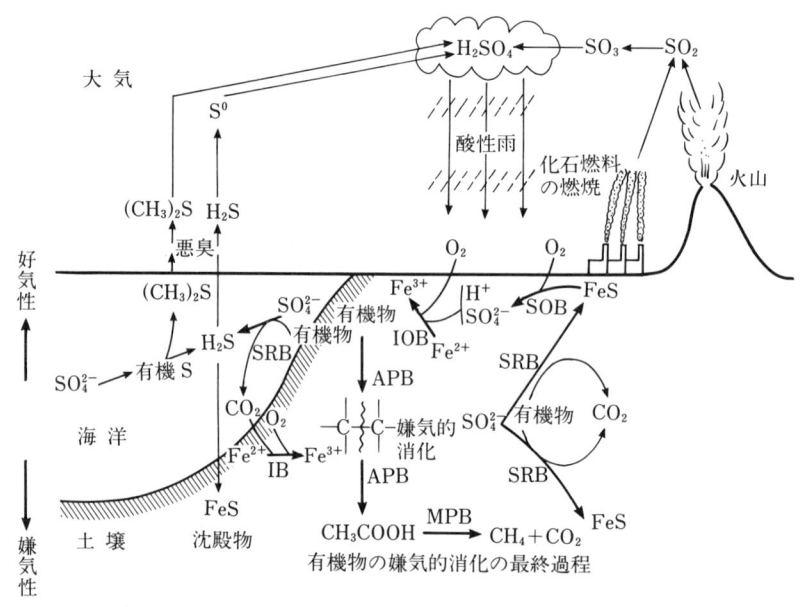

図1 自然界の硫黄循環との関係で示した微生物腐食経路図 [1]

SRB：硫酸塩還元バクテリア　　APB：酸生成バクテリア　　IOB：鉄酸化バクテリア
MPB：メタン生成バクテリア　　SOB：硫黄酸化バクテリア　　IB：鉄バクテリア

参考資料
1) 梶山，他：腐食防食 '92 講演集，C-204 (1992)
2) 鋼材倶楽部 編：土中鋼構造物の防錆技術 Q & A, pp.17-20 (技報堂出版，1997)

09　防食法にはどのようなものがありますか？

　防食法には大きく分けて被覆防食，電気防食，耐食材料の使用，環境制御の4通りの方法があります．防食効果，コスト，施工性，メンテナンス性等，それぞれ特徴があります．

各種防食法の分類を図1に示します．

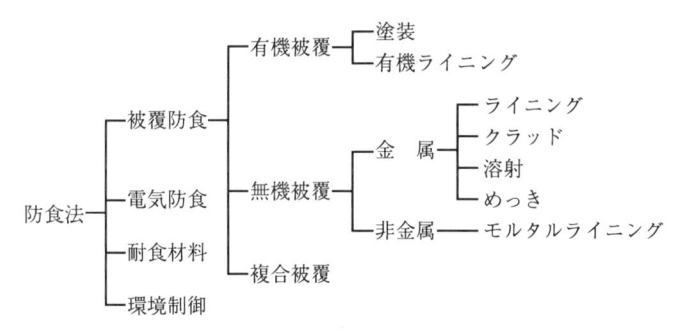

```
                              ┌─ 塗装
                    ┌─ 有機被覆 ┤
                    │         └─ 有機ライニング
                    │                  ┌─ ライニング
          ┌─ 被覆防食 ┤         ┌─ 金　属 ┤── クラッド
          │         │         │        ├─ 溶射
          │         ├─ 無機被覆 ┤        └─ めっき
防食法 ────┤         │         └─ 非金属 ── モルタルライニング
          ├─ 電気防食 └─ 複合被覆
          ├─ 耐食材料
          └─ 環境制御
```

図1　各種防食方法（「防食ハンドブック」[1]）

(1) 被覆防食法
　保護すべき鋼材を有機あるいは無機の被膜で覆い，腐食環境から遮断することにより防食するもので，以下のものがあります．
　a) 塗装
　塗装は最も安価で簡便な防食法です．通常海上大気部に適用されます．重防食塗装仕様として厚膜型無機ジンクリッチペイント/エポキシ樹脂塗料/ポリウレタン樹脂塗料あるいはふっ素樹脂塗料の塗装系で合計膜厚 $225\,\mu m$ の仕様が標準化されています．上塗りにふっ素樹脂塗料を塗装した場合，厳しい腐食環境の海上大気部で20年以上の耐久性が期待できます．
　b) 有機ライニング
　塗装と同様有機樹脂を被覆する方法です．膜厚は1.5〜10 mmと大きく，膜厚で長期耐久性を図るものです．また膜厚効果により耐衝撃性に優れています．
　c) 金属被覆
　犠牲鋼板巻き，耐食性金属被覆，耐食性金属クラッドなどがあります．他の方

法に比べて優れた耐衝撃性，耐摩耗性を有しており，メンテナンス性には優れています．ただし，接続部での異種金属接触腐食への対策が必要です．耐食性金属被覆としてはアルミニウムや亜鉛による溶射やめっき，ステンレス鋼，モネル，チタンなどのライニングやクラッド鋼があります．

d) 非金属被覆

主としてモルタルライニングがあげられます．既設海洋構造物の補修の実績が多くあります．モルタル打設時の型枠を取り外す方法と，保護材として残す方法とがあります．

(2) 電気防食法

流電陽極方式と外部電源方式とがあります．維持管理の容易さ，安全性，電源のないところでも施工可能などのメリットにより，従来より流電陽極方式が多用されています．

電気防食法の特徴は，適正な防食電位を設定，維持することにより，腐食を事実上無視できる程度に抑制できることです．また新設，既設を問わず適用でき，流電陽極方式では陽極の寿命を任意に設定できます．塗装と併用することにより，陽極寿命を長くできます．

(3) 耐食材料

被覆ではなく耐食材料自体を構造物に使用することはコストが高く，また強度の低い材料が多く厚肉になることから，海洋鋼構造物を耐食材料で作ることはほとんどありません．

(4) 環境制御

海洋鋼構造物の腐食環境は大気あるいは海であり，これらの腐食環境を制御して穏和にすることは現実的ではなく，海洋鋼構造物には適用されません．

防食効果，コスト，施工性，メンテナンス性などそれぞれ特徴がありますが，使用期間，その間のメンテナンスの要否や頻度などによって適材適所の材料選定が必要です．

参考資料
1) 鋼管杭協会 編，防食ハンドブック, pp.2-32 (1998)

10 重防食被覆にはどのような種類と特徴がありますか？

重防食被覆には，有機被覆，無機被覆およびこれらを組み合わせた複合被覆があります．有機被覆には塗装とポリエチレンなどによるライニングがあります．無機被覆には金属被覆と非金属被覆があり，金属被覆にはモネル，チタン，ステンレス鋼などのライニングやクラッドや犠牲鋼板巻き，アルミニウムなどの溶射法があります．非金属被覆にはモルタルライニングなどがあります．重防食を含む防食被覆法の代表的な仕様例と特徴を表1に示します．以下に各被覆法の特徴を説明します[4]．

(1) 有機被覆法
a) 塗装

1980年代後半から下塗りに厚膜無機ジンクリッチペイント，中塗りにエポキシ樹脂塗料，上塗りにポリウレタン樹脂塗料を合計膜厚 $225\,\mu m$ 以上塗装する重防食塗装仕様が海上橋梁の上部工へ適用され，実績も多数あります．さらに最近では，耐候性の優れたふっ素樹脂塗料が上塗りとして使用され，塗膜の耐久性も15～20年以上が期待されることから，この防食法仕様の指定は増加の傾向にあります．

b) 有機ライニング

有機ライニングは塗装と同様に有機樹脂を被覆する方法です．その膜厚は1.5～10mmであり，塗装に比べて1桁以上厚く，防食性や耐衝撃性，耐摩耗性に優れています．ポリエチレンやウレタンエラストマーの各ライニングは，鋼管杭，鋼管矢板，鋼矢板に工場で被覆されるために，現地施工法に比べ，品質，コスト面で優れていて，重防食被覆製品として広く利用され，その需要が拡大しています．

ゴムやレジンモルタルのライニングは以前は海洋構造物に適用されていましたが，最近ではあまり需要はありません．

超厚膜型無溶剤ライニングは，塗装と同じ方法で施工され，一度に1～5mmという厚膜を形成させ，厚膜による高い耐衝撃性と環境遮断性から長期の防食が期待されています．

また，ペトロラタムライニングと水中硬化型塗料は，港湾鋼構造物の補修工法として知られ，その実績は増加傾向にあります．

(2) 無機被覆法

a) 金属被覆

金属被覆には，犠牲鋼板巻き，耐食性金属被覆，耐食性金属クラッドなどがあります．他の方法に比べて特に優れた耐衝撃性，耐摩耗性をもっていますので，メンテナンスを簡略できる長所を備えています．ただし，接合部での異種金属接触腐食や厚みによっては，重量増加などの点を防食設計の段階で考慮する必要があります．

犠牲鋼板巻きは，この鋼板の腐食や摩耗しろに相当する厚さの炭素鋼を巻き付ける方法です．

ステンレス鋼はその表面に不働態皮膜を形成し，一般に耐食性に優れた鋼材であり，配管やタンク材として使用されています．鋼構造物の建設資材としては水門で実績があり，漸次増加していますが，海洋構造物分野では少ないのが現状です．

長期海洋暴露試験の結果[2)]から大気部，飛沫帯では発錆が若干起こりますが，その腐食速度は小さく，防食効果が優れています．しかし干満帯や海中部では異種金属接触腐食によるステンレス鋼と接触した鋼材の腐食，生物付着や構造上のすき間で発生するステンレス鋼のすき間腐食などの現象があります．これらの腐食を防止する方法として，電気防食の適用が有効であることが確認されています．

モネルやキュプロニッケルは耐食性に優れているとともに，防汚効果もあり，生物付着が軽減されるので，波浪による抵抗が小さくなります．いずれの材料も海外で海洋構造物の飛沫帯，干満帯の防食法として古くから使用実績があります．

チタンは孔食，すき間腐食，応力腐食割れに優れた金属材料です．チタンクラッド鋼が開発され，橋脚や鋼構造物の下部工の長期防食法として採用されるようになりました．この防食法は今後増えてくるでしょう．

b) 非金属被覆

代表的なモルタル(コンクリート)ライニングは既設の海洋鋼構造物の防食補修・補強工法として用いられ，耐食性，耐衝撃性に優れています．この工法の使用実績は多く，長い歴史をもっています．この方法には，モルタルを打設し，硬化した後に，

① 型枠 (FRP : Fiber Reinforced Plastics, GRC : Glassfiber Reinforced Cement) を取り除く

② 保護カバーとして型枠をそのまま残す

の2つの方法があります．さらに耐久性を向上させるために，ひび割れやはく(剥)離，中性化による機能低下対策として，被覆材料の開発や保護カバーとしての適切な厚さなどを中心に改良が現在進められています．

表1 被覆防食法の特徴

防食法		代表的な仕様例		施工法	長　所	短　所
		被覆材料	被覆厚さ (mm)			
有機被覆	塗装	厚膜型有機ジンクリッチペイント＋エポキシ樹脂塗料	0.475	塗装	・施工が容易で補修しやすい． ・美装効果が大きい． ・イニシャルコストが低い． ・実績が多い．	・長期の防食は期待できない． ・衝撃に弱い． ・耐候性が劣る．（エポキシ樹脂）
		厚膜型無機ジンクリッチペイント＋塩化ビニル樹脂塗料	0.475			
		有機ジンクリッチプライマー＋ガラスフレーク入りポリエステル樹脂塗料	1			
	有機ライニング	ポリエチレン	2.5	押出し被覆または貼付け	・工業的に大量生産可能で安価． ・耐久性が優れている．	・複雑な形状には適用困難．
		ウレタンエラストマー	2.5	塗装	・複雑な形状でも施工が可能． ・耐久性が優れている． ・一回塗りで厚膜被覆が可能．	・特殊塗装機（2液エアレス）が必要． ・耐候性が劣る．（エポキシ樹脂）
		エポキシ	2			
無機被覆	金属被覆	耐海水性ステンレス鋼*1	3	クラッドまたは金属巻付け	・耐久性が特に優れている． ・耐衝撃性が優れている． ・工事現場での取扱いが容易．	・イニシャルコストが高い． ・異種金属接触腐食に対する配慮が必要．
		キュプロニッケル	2			
		モネル	2			
		チタン	1			
	非金属被覆	モルタル（コンクリート）	かぶり厚さ 100	型枠注入	・耐久性が優れている． ・実績が多い．	・現地施工に限られる．
複合被覆		ペトロラタムテープ＋FRP保護カバー	ペトロラタム 2～3 FRPカバー 3	テープ巻付け＋カバー取付け	・耐久性が優れている． ・水中施工が可能．	・現地施工に限られる．
		セメントモルタル＋FRP保護カバー	モルタル 50 FRPカバー 3	カバー取付け＋モルタル注入		

（注）「海洋鋼構造物の防食指針・同解説書（案）(飛沫帯・干満帯)」[3] を基に修正・加筆して作成．
　　　*耐海水性ステンレス鋼については **Q57** 表1参照．
（出典）「防食ハンドブック」[4]

参考資料
1) 鋼管杭協会：防食鋼管杭の開発とその海洋暴露試験報告書 千葉沖・阿字ヶ浦沖 (1992)
2) 鋼材倶楽部：海洋構造物の耐久性向上技術に関する研究報告書—暴露期間 10 年後の研究成果 (1995)
3) 建設省土木研究所：海洋鋼構造物の防食指針・同解説書 (案)(飛沫帯・干満帯) (1990)
4) 鋼管杭協会：防食ハンドブック, pp.2–23 (1999)

11 各種防食仕様の期待耐用年数とコストの比較を紹介して下さい．

> 具体的な数値比較は難しいのですが，定性的には耐用年数が長いほど初期投資コストは高くなる傾向にあります．実際には維持管理のしやすさや，それに掛かるコストを考慮した耐用年数を比較評価することが必要です．

海洋での鋼材の防食方法は
①塗装
②有機ライニング
③無機被覆
④複合被覆 (ペトロラタムライニング)

に分類されます．いずれの防食法についても長所，短所があり，どれが優れているというわけではありません．従来は初期コストが重要視されていましたが，最近は LCC (Life Cycle Cost) の考え方が採用されるようになっています (Coffee Break 4 参照)．

いずれの防食法も，初期コスト以外に，点検，維持，管理，補修費用が発生します．LCC はこれらトータルの金額を防食コストと考え，評価する方法です．したがって，海洋構造物の寿命算定，環境，点検・維持・管理・補修の難易度，腐食の許容度により，コストは変わってきます．

表 1 に例として，主な防食範囲の適用性，耐用年数と初期コスト，適用実績を一覧表にして示しました．各種防食法の期待耐用年数は，その材料，施工法，使用環境によって異なります．ここで示した耐用年数は，過去の実績，暴露試験から妥当と判断されたいわば平均的な実績値が記載されており，必ずしも期待耐用年数ではありません．

期待耐用年数は平均的な海洋環境を想定し，点検・補修が適切に行われた場合，塗装と有機ライニング，複合被覆で 20 年以上，無機被覆で 50 年以上 (もちろん併用した場合には最短寿命のもので決定されます)，と考えられています (Q13 参照)．初期コストは，おおむね期待耐用年数と対応しており，コストの高い防食方法は期待耐用年数も長いといえます．さらに，初期コストの高い防食方法は，点検・維持・管理・補修費用が安価ですむ傾向があります．

表1 主な塗装被覆工法の適用性

工法		新設/既設	防食範囲*1					部材形状					*2 耐用年数	イニシャルコスト	適用実績
			海上大気部	飛沫帯	干満帯	海中部	海底土中部	鋼管	鋼矢板	鋼管矢板	形鋼・鋼管	部材接合部			
塗装	ジンクリッチペイント+エポキシ樹脂塗料	新設	○	○	○	○	△	○	○	○	○	○	A~B	A	A
		既設	○	△	—	—	—	○	○	○	○	○	B	B	B
	ガラスフレーク入り塗料	新設	○	○	○	○	△	○	○	○	○	○	A~B	A, B	A
		既設	○	△	—	—	—	○	○	○	○	○	B	B	B
有機ライニング	ポリエチレンライニング	新設	○	○	○	○	△	○	○	—	—	—	A	A	A
		既設	—	—	—	—	—	—	—	—	—	—	—	—	—
	ウレタンエラストマーライニング	新設	○	○	○	○	—	○	○	○	○	○	A	A	A
		既設	○	△	—	—	—	○	○	○	○	○	B	B, C	C
	超厚膜ライニング	新設	○	○	○	○	—	○	○	○	○	○	A	A	B
		既設	○	△	—	—	—	○	○	○	○	○	B	B, C	C
	水中施工型ライニング	新設	—	—	—	—	—	—	—	—	—	—	—	—	—
		既設	△	○	○	○	△	○	○	○	○	○	B	C	C
	ペトロラタムライニング	新設	△	○	○	△	—	△	△	△	△	△	A	B, C	B
		既設	△	○	○	△	—	△	△	△	△	△	A	C	A
無機被覆	モルタルライニング(保護カバー方式)	新設	△	△	○	○	△	—	—	—	—	△	A	C	A
		既設	△	△	○	○	△	—	—	—	—	△	A	C	B
	モルタルライニング(保護カバーなし)	新設	△	△	△	△	△	△	△	△	△	△	A~B	B	A
		既設	△	△	△	△	△	△	△	△	△	△	A~B	B	B
	クラッド鋼(チタン,ステンレス鋼)	新設	○	○	○	○	○	○	△	△	△	—	A	C	C
		既設	—	—	—	—	—	—	—	—	—	—	—	—	—
	耐食性金属巻き(モネルメタル等)	新設	○	○	○	○	—	△	△	△	△	—	A	C	B
		既設	—	—	—	—	—	—	—	—	—	—	—	—	—

(備考) 適用性…○:適する, △:一般には向かない, —:適用外.
　　　 耐用年数…A:15年程度以上, B:10~15年, C:10年程度以下.
　　　 イニシャルコスト…A:安価, B:中位, C:高価.
　　　 適用実績…A:多い, B:中位, C:少ない.
(注) *1. 干満帯はL.W.L. (Low Water Level) −1mまで含む.
　　 *2. 耐用年数のA~Bは, 海上大気部:A, 飛沫帯・干満帯:B.
(出典) 港湾構造物—調査診断・防食・補修工法 [実務ハンドブック] [1] を一部加筆修正

以上から，期待耐用年数，初期コスト，維持・管理・補修コストを合計した総合コスト(＝経済性)の見方が大切になり，設計にもそれが反映されることが望まれます．イニシャルコストが高くても，メンテナンスの費用を加味すると，トータルコストの低減を図ることが可能になります．

参考資料
1) 防食・補修工法研究会：港湾構造物—調査診断・防食・補修工法［実務ハンドブック］，p.15 (1999)

12 海洋鋼構造物の防食仕様を教えて下さい．

　一般的に海洋鋼構造物の防食法は，海上大気部には塗装が適用されることが多く，その他の部位は，飛沫帯，干満帯とその直下の海中部より上の部位では重防食被覆，金属被覆や塗装が，また海中部と海底土中部では電気防食がそれぞれ適用されています．

　海洋における鋼材の腐食環境は，垂直方向に分類して海上大気部(海風部)，飛沫帯，干満帯，海中部および海底土中部の5つの部位に区分されます．各部位で腐食環境の厳しさが異なるので，単一の防食法によることは少なく，図1や表1および表2に示すように，部位別に各種の防食方法を組み合わせて適用されます．

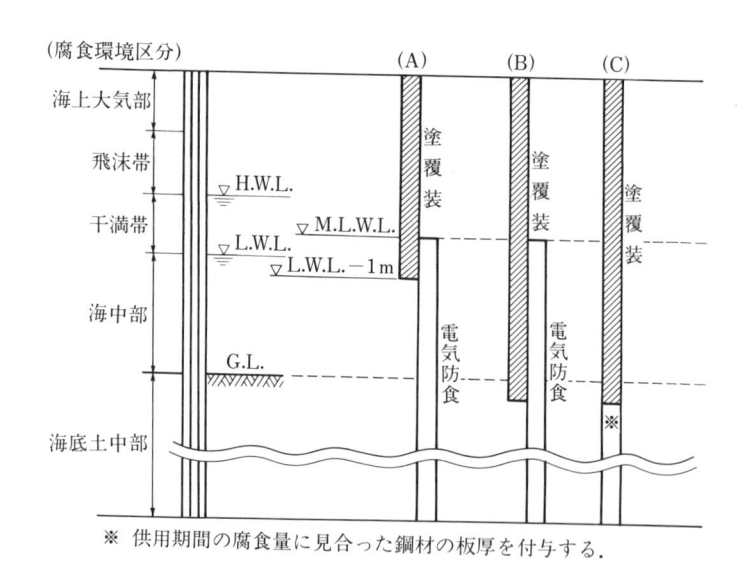

※ 供用期間の腐食量に見合った鋼材の板厚を付与する．

図1 港湾鋼構造物の適用防食工法（「港湾構造物 防食・補修マニュアル」[1]）

以下にそれぞれの水深に対する防食の基本を述べます．
(1) 飛沫帯および干満帯の防食
　飛沫帯では，海水に濡れる状態において大気中から酸化剤(鉄を腐食させる環境因子)である酸素の供給が十分であり，しかも波浪の衝撃によるさびの剥離も

【1. 腐食・防食全般】1.2 腐食防止（防食）

表1　部位別に適用される防食工法

	塗装	ライニング	コンクリート	耐食性金属	ペトロラタム・カバー	電気防食
海上大気部	○	○	○	○		
飛沫帯	○	○	○	○	○	
干満帯	△	△	△	△	○	○
海中部	△	△	△	△	○*	○
海底/土中		△	△	△		○

（備考）○：単独適用，△：電気防食の併用を推奨
　　　*：L.W.L.−1m まで適用．
（出典）「日本における海洋構造物の防食の現状—海洋構造物防食研究委員会報告書」[1]

表2　実海洋構造物の部位別防食塗装の実績（表中数字は防食適用施設数）

S/P	塗装系	リグ類(12) 海上	飛沫	海中	土木作業台(9) 海上	飛沫	海中	シーバース(45) 飛沫	海中	海洋レジャー(6) 海上	飛沫	海中	洋上観測(19) 海上	飛沫	海中	合計
なし	合成樹脂			1				4	1	1			6	8	1+2*	24
	塩化ゴム						1									1
	タールエポキシ		1*			2		5	12*		1	1				22
W/P	合成樹脂				5	3	2*									10
	塩化ゴム				2	2	2									6
	塩化ビニル							1								1
	タールエポキシ					1	2									3
	エポキシ					1										1
O/Z	合成樹脂	8	1							1					2*	12
	塩化ゴム	3								1						4
	タールエポキシ**	3	1+1							1	3*		3	2	2*	16
	タールエポキシ+上塗									2	2*		4	3	1*	1*
	エポキシ	2	1		1	1				2						7
I/Z		3	1*	4*				7				1*			1*	17
	タールエポキシ**	2	2+1*		1	2		14	1*					*		23
	エポキシ	6	1+1*	1									1	2	1*	13
	その他の塗装系						1						5		8	14
	コンクリート							1	2				1			4
	ライニング								3	2	2	2	2	3		15
	電気防食のみ				5			1	34			1			3	44
	合計	27	10	11	9	11	11	32	53	6	7	10	22	22	18	249

（備考）　*：電気防食との併用を示す．S/P：ショッププライマー，W/P：ウォッシュプライマー，O/Z：有機（エポキシ）ジンクリッチプライマー，I/Z：無機（シリケート）ジンクリッチプライマー
　　　　**：現在はタールエポキシ樹脂は安全衛生の観点から推奨されていません．
（出典）「日本における海洋構造物の防食の現状—海洋構造物防食研究委員会報告書」[2]

加わるために，鋼材の腐食が最も著しい部位です．干満帯直下の海中部の鋼材は干満帯にある鋼材との間で酸素の供給速度の違いによって生じるマクロセル(酸素濃淡電池)形成により激しい腐食を受けます．この水深位における無防食鋼材の腐食速度は 0.3 mm/yr にも達することがあります．

　飛沫帯および干満帯の防食には，主として塗覆装が適用されます．塗覆装工法には多くの種類があり，よく用いられる塗覆装系には以下のものがあります．
① 塗装：ジンクリッチペイント，エポキシ樹脂塗料，タールエポキシ樹脂塗料
　　(安全衛生上，推奨されていない)
② 有機ライニング：ポリエチレン，ポリウレタン，超厚膜エポキシ樹脂
③ 無機被覆：コンクリート，モルタル
④ 金属被覆：チタン，ステンレス鋼，犠牲鋼板
⑤ 複合防食：ペトロラタム＋保護カバー，モルタル＋鋼板＋塗装

(2) 海中部および海底部の防食

　海中部の腐食は通常は 0.1 mm/yr 程度の腐食速度で進行しますが，裸の鋼材の場合には干満帯直下水位域の鋼材はマクロセル作用により，著しい腐食を受けます．海中部の防食には，主に電気防食法が適用されます．また塗覆装工法が用いられることもあります．さらには構造物の機能に即してこれらを組み合わせて適用する場合があります．海底部では海底砂の動きに依存した鋼材の腐食摩耗(エロージョン，コロージョン)が起こる場合があります．この現象も含めて，海底部の鋼材の腐食に対して電気防食が有効な防食法とされています．電気防食には，流電陽極方式と外部電源方式の2種類の方式がありますが，維持管理が比較的容易なことから，現在では流電陽極方式が主流になっています．

参考資料
1) 沿岸開発技術研究センター：港湾構造物 防食・補修マニュアル (改訂版), p.38 (1998)
2) 鋼材倶楽部：日本における海洋構造物の防食の現状—海洋構造物防食研究委員会報告書, p.238 (1975)

13 海洋鋼構造物の各防食仕様の耐用年数はどれぐらいですか？

> 海洋環境で使用される鋼材の防食法には，大きく分けて，高耐食性金属(主にライニングとして用いられるもの)の使用，表面処理(有機ライニング，防食塗装)および電気防食があります．これらの耐用年数は多くの暴露データ，実験室における防食性能評価，さらには実績などを総合して推定されています．

耐用年数は上記のように維持管理の要因も含まれるべきですが，これを耐用年数にどこまで反映させるかの評価が難しいのが実情です．以下に，海洋構造物に対する各種防食法の期待される耐用年数を概略説明します．

(1) 各種防食法の期待耐用年数

各種防食法の耐用年数は，その材料，施工法，使用環境に依存するので，一概には決めにくいのが実情です．ここでは，海洋環境における橋梁の下部工および護岸用鋼構造物を対象にした検討例から，必要に応じて補修等のメンテナンスを行うことを前提とした各種防食法の防食機能面からの期待される耐用年数をまとめますと，

- 重防食塗装：20～25 年
  厚膜型ジンクリッチペイント＋エポキシ樹脂，ほか
- 有機ライニング：20～40 年
  ポリエチレン，ポリウレタン，水中硬化型エポキシ樹脂，ほか
- 電気防食：10～100 年
- 電気防食と有機ライニング併用：20～100 年
- 高耐食性金属：50 年以上
  耐海水ステンレス鋼，キュプロニッケル，モネル，チタン

という目安が考えられます[1]．最近は，メンテナンス・コストをできるだけ低く抑えられる防食法を用いて「100 年以上の耐久性，耐食性」が要望されるようになっているので，それに対応した技術として組合せ防食法が注目されはじめています．

(2) 海上橋の塗装

本州四国連絡橋の塗装系を基本に，目的，コスト，再塗装の難易などからいろいろな塗装系がきめ細かく決められています．これまでの塗装の耐久性は「10～

20年」を目安にされていましたが，最近は社会的ニーズから長寿命化(例えば，50〜100年)塗装が重視されるようになってきました[2]．

参考資料
1) 建設省土木研究所・鋼管杭協会：海洋構造物の防食指針・同解説（案）（飛沫・干満帯編）（1990）
2) 日本道路協会：鋼道路橋防食便覧（1990）

Coffee Break 4　LCC と防食設計

　鋼構造物の防食設計をする場合に，これまでは単にイニシャルコストの考え方が優先でした．しかし，施設の長寿命化に沿ったトータルのコスト算出が求められるようになった今日では，塗替え塗装周期とその耐用年数を試算した上で初期防食仕様を決めることが大切になってきました．この考え方を一般にライフサイクルコスト(Life Cycle Cost, LCC)といいます．海洋構造物の場合には施設ができ上がった後の塗替えメンテナンスが容易でないことから，100年超を目指した長期耐久性が期待される防食法が重視され，そこでは明確にLCCの考え方が取り入れられる動きがあります．この場合に大切な視点としては対象とする施設の寿命の設定です．

　一般に施設の寿命は「構造物として使用されてから何らかの理由で使用が停止されるまでの期間」とされています．このような寿命は＜物理的寿命＞，＜機能的寿命＞，それに＜経済的寿命＞の概念としてとらえることが必要です．特に3番目の寿命概念にLCCの考え方が寄与します．

　LCCの事例解析として，＜橋のライフサイクルコスト試算＞を紹介します．これは耐用年数200年を目標とした場合の従来工法とミニマムメンテナンス化工法の比較を表1に示した設計条件から両者のLCC試算がされました．その結果，図1に示したように，従来工法による200年耐用に要するトータルコストは初期コストに対して約18倍の維持費が掛かるのに対して，ミニマムメンテナンス化工法では5.5倍に低減されるとの試算が出ます．表1のミニマムメンテナンス橋に適用される諸技術要件の技術水準が向上するといっそうのLCC低減が図れることが期待されます．

表1 LCC の試算条件

	現在の橋 (従来工法)		ミニマムメンテナンス橋	
架替えサイクル	60 年		200 年	
塗装 (塗膜)	塩化ゴム系塗料	15 年	亜鉛めっき	130 年
塗替え	塩化ゴム系塗料	15 年	亜鉛溶射	70 年
床版	RC 床版	40 年	PC 床版	200 年
床版補修	部分補修, 建設後 20 年	20 年	継目部補修	50 年
支承	鋼製支承	30 年	ゴム支承	100 年
伸縮装置	従来仕様	10 年	ミニマムメンテナンス仕様	20 年
舗装	普通アスファルト	10 年	改質アスファルト	15 年
防水層	シート防水 (舗装のサイクル)	10 年	シート防水 (舗装のサイクル)	15 年
防水層更新	塗膜防水 (舗装サイクル)	10 年	塗膜防水 (舗装のサイクル)	15 年

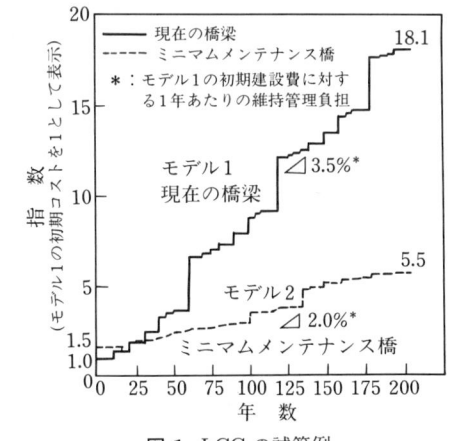

図1 LCC の試算例

参考資料
  1) 西川 和廣：橋梁と基礎, Vol.31, No.8, pp.64–72 (1987)

14 超長期防食設計の具体例について教えて下さい．

　代表的な大型プロジェクトは共通して下部工に新しい防食法が適用されています．本州四国連絡橋に超厚膜型エポキシ樹脂塗料，関西空港連絡橋にコンクリート/犠牲鋼板/有機ライニング複合防食，また東京湾横断道路にチタンクラッド鋼板を被覆する工法が採用され，それぞれ耐久性100年を目指した防食法です．

　海洋鋼構造物の防食が重視されだした時期は日本の高度経済成長期(1970年代)であり，港湾整備に伴う鋼材の腐食が問題となってからです．その前後で海域の汚染による鋼材の腐食が顕在化したため，新しい鋼材防食法が要望されました．その時期に建設省土木研究所と鉄鋼メーカーを中心に鋼材の重防食の実用化研究が図られ，千葉ならびに阿字ヶ浦における暴露試験の成果を生かして，工場生産されたポリエチレン被覆鋼材(プレコート鋼材)，さらにはウレタン仕様の被覆鋼材が実用化されるようになり，現在に至っています．

　この種の被覆鋼管の耐久性は実験室評価として「40年」と評価されました．これら製品の主な適用は干満帯以浅であり，海中部は電気防食が標準になっています．しかし比較的浅い港内の場合には，全長を被覆鋼材が使用されています．

　1980年代に入り，国内交通網の整備が進むに伴い，洋上にかかる長大橋建設のプロジェクトが推進され，ここでも使用鋼材の重防食化が注目されました．特に対象施設の機能とその規模から洋上部における防食塗装の塗替えや下部工の補修補強等を効率良く行えるために従来以上の耐久性をもつ防食工法が要望されました．これを受けて，関係部署が協力して前述の千葉ならびに阿字ヶ浦の各海洋暴露試験場に加えて，駿河湾沖の海洋技術総合研究施設の試験結果を生かしたより高度な防食技術の開発が進められました．

　対象となるプロジェクトごとの上部工と下部工に分けた新しい防食工法を表1にまとめました．表2には，本州四国連絡橋（来島大橋）の下部工の防食塗装工法例を示します．また，図1に関西空港で採用された犠牲鋼板取付けの防食工法の概要，図2に東京湾横断道路の下部工で日本で初めて採用されたチタンクラッド鋼板ライニング工法の概要を示しました．

　これら以外のプロジェクト（ベイブリッジ，レインボーブリッジなど）にも，ほぼ類似の防食工法が採用されています．次世代の海洋設備である「メガフロート」

の開発もこれらの技術に準拠しています[1]．表1の記載以外の新しい防食工法としては亜鉛めっき/高張力鋼線，鋼製箱桁内の送気乾燥法などが挙げられます．これらの防食工法を駆使して対象施設の耐用予測寿命が「100年以上」を目指す防食工法が確立されるようになりました．

表1 大型プロジェクトに新しく採用された防食工法

施設名	新しく適用された防食工法	
	上部工	下部工
本州四国連絡橋	超厚膜型エポキシ樹脂塗料とふっ素樹脂塗料の重ね塗り（全膜厚 3 075 μm）	鉄筋コンクリートケーソン/超厚膜型エポキシ樹脂塗料/ふっ素樹脂塗料（全膜厚 3 075 μm，表2）
関西空港連絡橋	無機ジンクリッチペイントベースにエポキシ樹脂塗料とポリウレタン樹脂の重ね塗り（6層塗り，全膜厚 335 μm）	鋼材/鉄筋コンクリート巻き/犠牲鋼板/超厚膜型エポキシ樹脂塗料（全膜厚 3 075 μm，図1）
東京湾横断道路	関西空港連絡橋とほぼ同じ仕様（全膜厚 335 μm）	チタンクラッド鋼板ライニングの採用（図2）

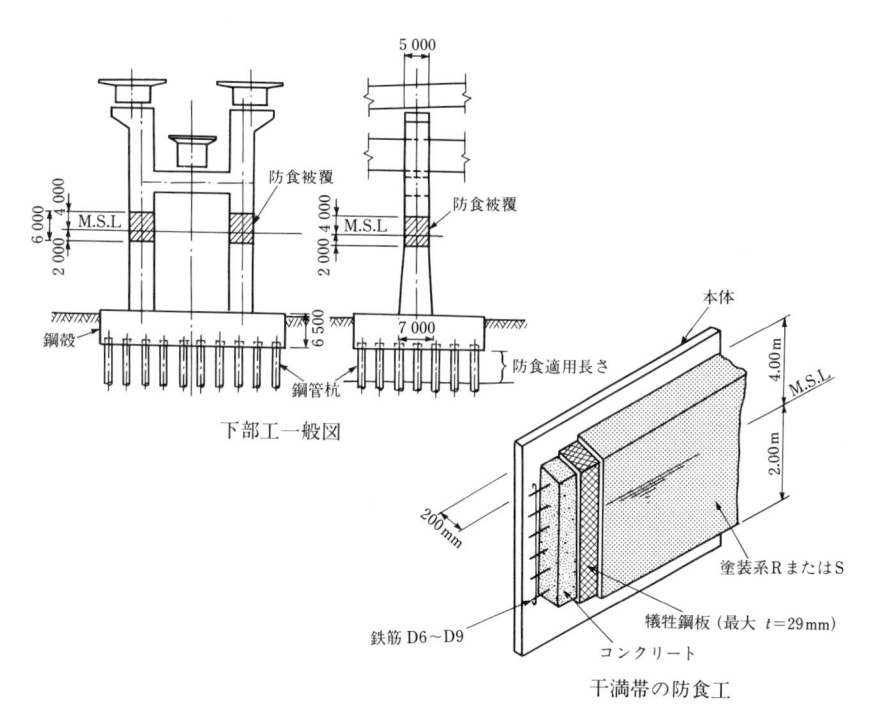

図1 関西空港の下部工の防食工法 [3]

表2 本州四国連絡橋の下部工の防食塗装工法例

区分	第1層	第2層	第3層	第4層	膜厚合計 (μm)
海中部 (TP−29m〜 TP−5m)	厚膜型無機ジンクリッチペイント 75μm	ミストコート	タールエポキシ樹脂塗料 200μm	タールエポキシ樹脂塗料 200μm	475μm
干満帯/飛沫帯 (TP−5m〜 TP+5m)	エポキシジンクリッチペイント 20μm	超厚膜型エポキシ樹脂塗料 3000μm	エポキシ樹脂塗料（中塗り） 30μm	ふっ素樹脂塗料（上塗り） 25μm	3075μm

(注) 現在はタールエポキシ樹脂は安全衛生の観点から推奨されていません．
(出典) 高城信彦，他[2)]

表3 本州四国連絡橋（来島大橋）海中部における電気防食の設計防食電流密度

区分		設計値
防食電流密度	230 mA/m^2	平均潮流速を2m/sと仮定
	50 mA/m^2	捨石の中
はく離率	25%	塗膜のはく離

(出典) 高城信彦，他[2)]

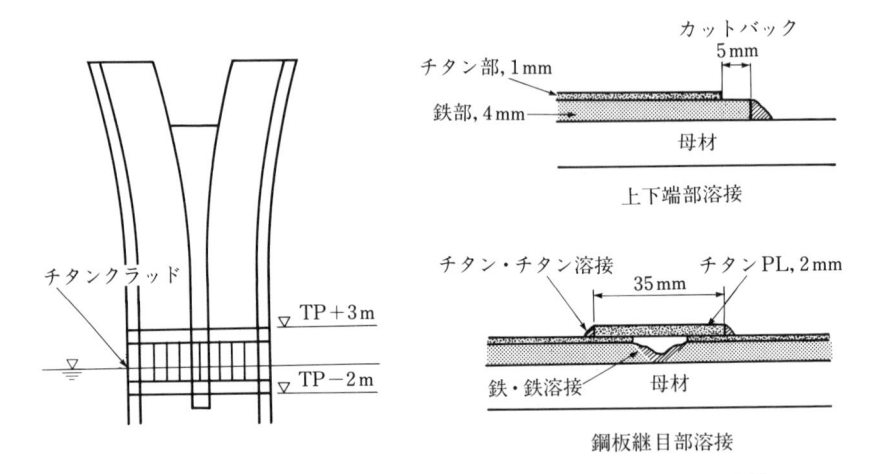

図2 東京湾横断道路の下部工−チタンライニング防食工法（米田利博[4)]）

参考資料
1) 松岡 和己，他：材料と環境, Vol.47, No.8, pp.494–500 (1998)
2) 高城 信彦，他：本四技報, Vol.18, pp.42–45 (1994)
3) 関西国際空港（株），土木研究センター：空港連絡橋の鋼構造物の防錆防食指針（案）(1986)
4) 米田 利博：基礎工, Vol.21, p.17 (1993)

15 「腐食しろ」の考え方を教えて下さい．

「腐食しろ」とは「均一腐食が起こると考えられる構造物に対して構造設計に腐食を配慮した厚みを設計時に加算する量」であるとされています．したがって，局部腐食などのような不均一腐食に対しては基準はありません．また港湾鋼構造物(防食・補修マニュアル)では，仮設構造物を除いて，腐食しろによる防食設計は認められていません．

海洋環境特有の腐食形態をとる水深部位別の腐食(速度)を考慮して「腐食しろ」が規程されています．いろいろな機関から「腐食しろ」に対する規定が出されています．それらをまとめたものを表1に示しました．またJISにも「腐食しろ」

表1 腐食しろに関する規定

(a) 土木関係

基準名称	腐食しろ	備考(防食法)
道路橋示方書・同解説 IV. 下部構造編 (平成8.12, (社)日本道路協会)	海水や有害な工場排水などの影響を受けない場合で，環境の腐食調査を行わず，防食処理も施さないときは，常時，水中および土中にある部分(地下水中部を含む)に対して1mmの腐食しろを考慮する．	海水または鋼の腐食を促進させる工場排水の影響を受ける部分および常時乾湿を繰り返す部分は，十分な防食処理を行わなければならない．(1) 塗装，(2) 有機ライニング，(3) 無機被覆，(4) 犠牲鋼板巻き，(5) 電気防食
首都高速道路下部構造物設計基準 (平成4.4, 首都高速道路厚生会)	道路橋示方書の規定に準ずる．防食処理を行わない場合は2mmとすることが多い．	
設計基準 (平成2.6, 阪神高速道路公団)	常時水中または土中にある場合2mmを標準とする．	
鉄道構造物等設計標準・同解説 基礎構造物・杭・土圧構造物 (平成9.3, (財)鉄道総合技術研究所)	腐食しろは一般に1mmを考慮する．外周面について考える．	
設計基準(案) 土木設計 (平成4, 日本下水道事業団)	道路橋示方書・同解説 IV. 下部構造編の規定に準ずる．一般に2mmを考慮する．	海水または鋼の腐食を促進させる工場排水の影響を受ける部分および常時乾湿を繰り返す部分は，十分な防食処理を行わなければならない．(1) 塗装，(2) コンクリート被覆，(3) 電気防食，(4) 有機ライニング，(5) 犠牲鋼板巻き

表1 腐食しろに関する規定(続き)

基準名称	腐食しろ	備考(防食法)
土地改良事業計画設計基準・設計「頭首工」基準書 技術書 (平成7.7, 農林水産省構造改善局)	杭の周辺土に接する表面は2mm. 鋼材で囲まれた内側の表面は5mm. 6cm以上の厚さのコンクリートに接する表面は0mm.	

(b) 建築関係

基準名称	腐食しろ	備考(防食法)
建設省住宅局建築指導課 課長通達123号 (平成4.4, 建設省住宅局)	防食処理を行わない鋼杭の断面積の算定にあたっては,腐食しろとして1mm以上をとるものとする.	電気防食
建築基礎構造設計指針 (昭和63.1, (社)日本建築学会)	年間腐食しろ(0.02mm/yr×耐用年数). 通常1mmをとれば十分である.	表面積(コールタールと樹脂系の強靭な焼付塗料などによる保護皮膜) その他詳細は「建築用鋼管杭施工指針・同解説」を参照すること.
建築構造設計指針 (平成3.12, 東京都)	例として,「開端杭の腐食しろとして外側1mm内側0.5mmの場合」を載せている.ただし「閉鎖杭の場合は内側の腐食しろは見込まないことができる」.	
建築用鋼管杭施工指針・同解説 (昭和61.9, 鋼管杭協会)	年間腐食しろ0.02mm/yr. 通常の場合は鋼管杭の外側のみ1mmの腐食しろを考慮すればよい.	(1)塗装, (2)有機ライニング, (3)無機被覆, (4)金属被覆

(c) 港湾・漁港関係

基準名称	腐食しろ	備考(防食法)

港湾の施設の技術上の基準・同解説 改訂版
(平成元.2, 日本港湾協会)
	当該地区における既設構造物の腐食速度,環境条件,構造などから集中腐食等の著しい腐食のおそれがないと推定できる場合には,腐食しろによる方法を用いてもよい.その場合,設計に用いる腐食速度(片面)は次の値に基づき設定する.
	
	腐食環境区分 / 腐食速度(mm/yr)
	海側: H.W.L.以上 / 0.3
	海側: H.W.L.~L.W.L.-1.0m / 0.1~0.3
	海側: L.W.L.-1.0m~海底部まで / 0.1~0.2
	海側: 海底泥層中 / 0.03
	陸側: 陸上大気中 / 0.1
	陸側: 土中(残留水位上) / 0.03
	陸側: 土中(残留水位下) / 0.02
		(1) 電気防食工法
		  適用範囲 M.L.W.L.以下
		(2) 塗覆装工法
		  (a) モルタルライニング
		  (b) 金属被覆
		    ①犠牲鋼板巻き, ②耐食性鋼巻き
		    ③金属溶射, ④耐食性金属巻き
		    ⑤クラッド鋼
		  (c) 塗装
		  (d) 有機ライニング
		    ①ポリエチレンライニング
		    ②レジンモルタルライニング
		    ③FRPライニング
		    ④厚膜無溶剤型樹脂ライニング
		     (ウレタン樹脂を含む)
		    ⑤水中硬化型樹脂ライニング
		    ⑥ペトロラタムライニング
		    ⑦その他

表1 腐食しろに関する規定（続き）

基準名称	腐食しろ	備考（防食法）
漁港構造物標準設計法 （1990年版，(社) 全国漁港協会）	腐食しろは，30年分を考慮することを標準とする． 鋼材の平均腐食速度 (mm/yr) <table><tr><th colspan="2">腐食環境</th><th>腐食速度</th></tr><tr><td rowspan="4">海側</td><td>H.W.L. 以上</td><td>0.3</td></tr><tr><td>H.W.L. ～ M.W.L.−1.0 m</td><td>0.1～0.3</td></tr><tr><td>M.W.L.−1.0 m ～海底部</td><td>0.1</td></tr><tr><td>海底泥層中</td><td>0.03</td></tr><tr><td rowspan="3">陸側</td><td>陸上大気部</td><td>0.1</td></tr><tr><td>土中（残留水位上）</td><td>0.03</td></tr><tr><td>土中（残留水位下）</td><td>0.02</td></tr></table>	(1) 被覆材による防食： 　無機被覆， 　金属被覆， 　塗装，有機ライニング (2) 電気防食： 　外部電源法 　流電陽極法
港湾工事共通仕様書 （平成8.3, (財) 港湾建設技術サービスセンター）		(1) 電気防食：アルミニウム合金陽極による流電陽極法 (2) 防食塗装 (3) 被覆防食…①モルタル被覆，②ペドロラタムライニング
(d) 河川関係		
建設省事務連絡 （昭和54.4.10） 護岸用鋼矢板の選定について	表裏合わせて2mm．ただし，特に腐食が著しいと判断された場合は現地に適合した腐食しろを見込む．	
災害復旧工事の設計要領 （平成7, (社) 全国防災協会）	一級河川　表裏合わせて2mm．	

(注) 土木関係の腐食しろの基準に関しては，平成8年12月の道路橋示方書・同解説の改定時に従来の2mmから1mmに変更された．
(出典)「防食ハンドブック」[1]

の基準が示されています (JIS B 8243)．

　具体的な「腐食しろ」は，対象とする構造物・施設などの期待耐用年数に対応した値が決められるのが通例です．しかし対象物によっては，「腐食しろ」は考えられないことがあります．

参考資料
  1) 鋼管杭協会：防食ハンドブック, pp.3-5～6 (1998)

16 鋼材の溶接部は母材に比べて腐食しやすいのですか？

　溶接金属は母材に比べて腐食電位が卑に(低く)なる場合があり，このとき溶接部の腐食は単独の場合よりも促進されるので，通常の腐食速度よりも大きくなります．

　対策として，適切な溶接材料を選択することが有効です．

　化学組成や金属組織の異なる鋼が接触していると，より卑な電位を示す鋼の腐食が促進されます．これは鋼構造物の溶接部における母材と溶接金属の組合せにもあてはまります．一般的には，母材よりも溶接金属の方が不純物元素(S, P, C, Oなど)を多く含み，しかも凝固組織であることから，単独の場合の腐食電位が母材よりも卑になることがあります．この場合，溶接金属よりも貴な電位を示す母材によって溶接金属はアノード側に分極され，かつ溶接金属の面積よりも母材の面積の方がはるかに大きいことから，溶接金属の腐食が促進されます．この結果，長期間経過すると，溶接金属の優先的腐食が見られます．特に，氷海域の鋼構造物や砕氷船では，氷との接触によって塗装あるいはカソード防食装置が損傷しやすいため，溶接継手部の優先的腐食が問題になります[1]．また，北海の原油輸送パイプラインでは，溶接部の優先的腐食による強度低下のために，操業圧力を低下せざるを得なくなり，海底幹線ラインパイプが取り替えられた例があります[2]．

　この対策としては，母材/溶接金属の成分・組織をマッチングさせることが有効です．一般には，Ni, CuのようなFeよりも貴な合金元素量を高めた溶接材料を使用して，溶接金属の腐食電位を母材よりも必要最小限だけ貴にすることで，溶接金属の優先的腐食を防止します[3]．

参考資料
1) E. Raesaenen, et al. : Scandinavian J. Metallurgy, Vol.7, p.11 (1978)
2) 井上尚志，他：製鉄研究，No.327, p.55 (1987)
3) 遠藤　茂：NKK技報，No.151, p.22 (1995)

17 現地での溶接施工はどのようにして行われますか？

> 防食施工条件を事前に把握し，被防食対象鋼材に安全かつ所定の溶接強度が得られる作業を行います．

上部工もしくは洋上で行われる溶接はほとんどアーク溶接を使います．溶接工は「JIS Z 3801（アーク溶接技能）」に準拠した資格者が当たります．

溶接材料および溶接条件はそれぞれの JIS 規定に適したものを選び，溶接機はあらかじめ関係監督部門が承諾した機器を使用します．

海中溶接の場合には，構造物の形状や処置条件を考慮して溶接作業環境を
(a) 特殊なチャンバーによる乾式 (図 1)
(b) 溶接箇所に限定した乾式—ミニ乾式—(図 2)
(c) 湿式 (図 3)
のいずれかを選ぶことになります．

(a) および (b) は上記の溶接方法が適用できますが，(c) は溶接箇所の素材劣化が起こりにくい溶接方法を採用します．湿式溶接には「被覆アーク溶接方式」と「ガスシールドアーク溶接」(図 2) が実用されているのが現状です．湿式溶接環境は水中作業であるために，溶接の際の電撃の可能性に対して安全を確保するよう努めなければなりません．水中溶接には「スタッド溶接」(図 3) と呼ばれる特殊な溶接方式があります．これは他の湿式溶接よりも溶接強度が確保できる反面，溶接工の高度な熟練度が必要とされます．

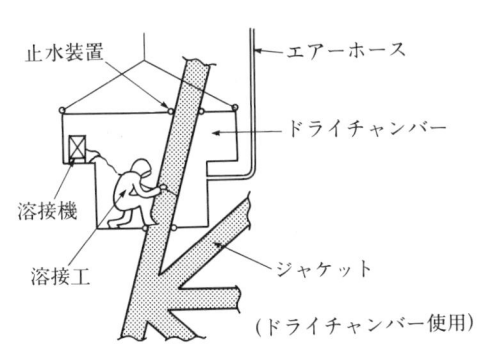

図 1　乾式法（「防食ハンドブック」[1]）

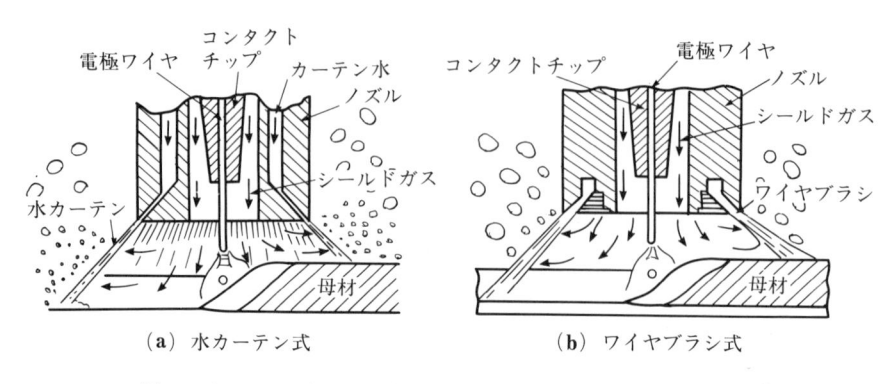

図2 ガスシールドアーク溶接法（「港湾鋼構造物補修マニュアル」[2]）

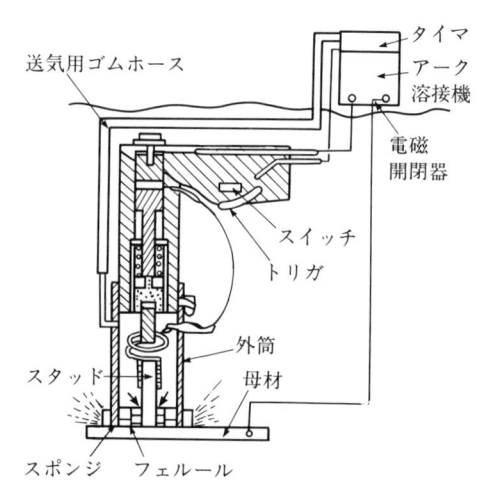

図3 スタッド溶接法（「港湾鋼構造物補修マニュアル」[2]）

以上のほかに鉄筋溶接（上部工作業とほぼ同じ），鋼板溶接がありますが，遵守すべき技術要件は上記とほぼ同じです．

参考資料
1) 鋼管杭協会：防食ハンドブック, p.50
2) 沿岸開発技術研究センター：港湾鋼構造物補修マニュアル, pp.3-84

18 海上橋の塗装仕様の変遷を教えて下さい．

　海上橋は厳しい腐食環境にさらされ，その架設状況から塗替えが困難なため，早くから重防食塗装系への切り替えが進んでいます．鉛系さび止め/フタル酸上塗りから塩化ゴム系，ジンクリッチペイント/エポキシ樹脂/高耐候性上塗りの重防食塗装系への変遷の状況を以下に示します．

図1および表1に海上橋の塗装仕様の変遷を示します．

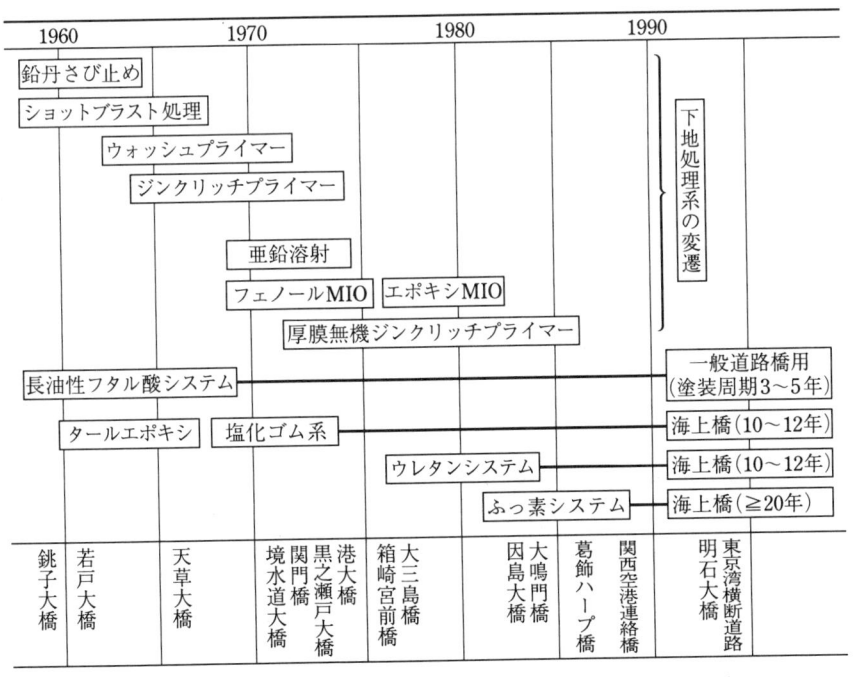

年代	1960	1970	1980	1990	
下地処理系の変遷	鉛丹さび止め				
	ショットブラスト処理				
		ウォッシュプライマー			
		ジンクリッチプライマー			
			亜鉛溶射		
			フェノールMIO	エポキシMIO	
			厚膜無機ジンクリッチプライマー		
塗装系	長油性フタル酸システム			一般道路橋用（塗装周期3～5年）	
	タールエポキシ	塩化ゴム系		海上橋（10～12年）	
			ウレタンシステム	海上橋（10～12年）	
			ふっ素システム	海上橋（≧20年）	
代表橋梁	銚子大橋	若戸大橋	天草大橋	港大橋／黒之瀬戸大橋／関門橋／境水道大橋	箱崎宮前橋／大三島橋	因島大橋／大鳴門橋	葛飾ハープ橋	関西空港連絡橋	明石大橋	東京湾横断道路

図1　海上橋の塗装仕様の変遷（「防食ハンドブック」[1]）

参考資料
1) 鋼管杭協会：防食ハンドブック，付録，p.23 (1998)
2) 土木研究センター 編：防錆防食に関する基礎知識 その1, p.11 (1996)
3) 片脇清士：鋼橋塗装，Vol.23, No.1

表1　主な海上橋の塗装仕様

橋梁名	形式	完成	施主	塗装仕様	塗回数	膜厚(μm)
銚子大橋	トラス	1960	千葉県	油性さび止め/フタル酸(ミルスケール上に塗装)	4	130
若戸大橋	トラス吊橋	1962.10	日本道路公団	油性さび止め/フタル酸	5	150
天草大橋	トラス	1966.9	日本道路公団	油性さび止め/フタル酸	6	140
境水道橋	トラス	1972.8	日本道路公団	塩化ゴム	4	130
関門橋	補剛トラス吊橋	1972.11	日本道路公団	(亜鉛溶射,WP)/フェノールジンクロ/フェノールMIO/塩化ゴム	5	205
黒之瀬戸大橋	トラス	1974.4	日本道路公団	厚膜無機ジンク/塩化ゴム/フェノールMIO	5	215
広島大橋	箱桁	1974.5	日本道路公団	厚膜無機ジンク/塩化ゴム	5	190
胞路橋	トラス	1974	建設省北陸地建	厚膜無機ジンク/エポキシ/ウレタン	5	215
港大橋	ゲルバートラス	1974	阪神高速道路公団	油性さび止め/フェノールMIO/塩化ゴム	5	330
大島大橋	連続トラス	1976.5	日本道路公団	油性さび止め/フェノールMIO/塩化ゴム	5	200
六甲大橋	ダブルデッキ斜張橋	1976.5	神戸市	油性さび止め/フェノールMIO/塩化ゴム	5	190
箱崎宮前橋	ダブルデッキ箱桁	1976	福岡北九州高速道路公社	エポキシ/ウレタン(上塗りまで工場塗装)	4	175
荒川湾岸橋	ゲルバートラス	1977	首都高速道路公団	エポキシジンク/塩化ゴム	5	175
大三島橋	ソリッドリブアーチ	1977	本州四国連絡橋公団	厚膜無機ジンク/フェノールジンクロ/フェノールMIO/塩化ゴム	6	285
児島湾大橋	箱桁	1982	岡山県	厚膜エポキシジンク/エポキシ/エポキシMIO/ウレタン(上塗りまで工場塗装)	5	225
因島大橋	ヒンジ補剛桁吊橋	1983.12	本州四国連絡橋公団	厚膜無機ジンク/エポキシ/ウレタン(上塗りまで工場塗装)	5	255
荒川放水路橋	上路式ゲルバートラス	1984.4	日本鉄道建設公団	厚膜無機ジンク/エポキシ/ウレタン(上塗りまで工場塗装)	5	255
名港西大橋	斜張橋	1984	日本鉄道建設公団	厚膜無機ジンク/エポキシ/塩化ゴム	5	225
大鳴門橋	ヒンジ補剛桁吊橋	1985.6	本州四国連絡橋公団	厚膜無機ジンク/エポキシ/ウレタン(上塗りまで工場塗装)	5	255
瀬戸大橋	吊橋・斜張橋	1987	本州四国連絡橋公団	厚膜無機ジンク/エポキシ/ウレタン(上塗りまで工場塗装)	5	255
明石海峡大橋	吊橋	1998.4	本州四国連絡橋公団	厚膜無機ジンク/エポキシ/ふっ素(上塗りまで工場塗装)	5	255
来島海峡大橋	3連吊橋	1999.5	本州四国連絡橋公団	厚膜無機ジンク/エポキシ/ふっ素(上塗りまで工場塗装)	5	255
多々羅大橋	斜張橋	1999.5	本州四国連絡橋公団	厚膜無機ジンク/エポキシ/ふっ素(上塗りまで工場塗装)	5	255

(出典)「防錆防食に関する基礎知識 その1」[2])

19 海洋環境で塗膜はどのようにさびを防ぐのですか？

　鉄は酸化物，つまりさびの状態が最も安定です．鉄が腐食するためには酸素，水分などが必要です．塗膜の一つの機能としてこれら腐食因子が鉄面に届きにくくすることがあげられます．また腐食因子が鉄面に届いた場合も，鉄を腐食しにくくする機能ももっています．塗装は大きく分けて下塗り，中塗り，上塗りより構成されており，総合的に防食機能を発揮します．

　鉄は自然の状態では酸化物の状態であり，その状態が最も安定で，常にその状態に戻ろうとする傾向があります．その状態に戻るのに必要な酸素や水分を遠ざければ，さびることはありません．つまり塗膜の主な防食機能の一つは，鉄を外部環境から遮断する作用です．

　しかしながら塗膜の遮断作用は完全ではなく，ミクロに見ればピンホールなどが存在します．はじめから含まれるピンホールなどの欠陥，あるいは経年劣化によって生じる塗膜欠陥から浸透してくる腐食性物質や，あるいは正常な塗膜であっても，わずかに浸透してくる水分や酸素により，塗膜下鋼素地面の塗膜と密着していない場所で腐食が開始します．そのような場合に腐食を防止するのが塗膜中に配合されている防錆顔料です．この防錆顔料にはその作用機構により様々なタイプがあります．ただし，以上の2つの防食機能，つまり遮断作用と防錆顔料による防食作用は互いに独立したものではなく，相互に補い合って防食機能を果たしているのです．

　塗装系は機能的に見て，下塗り，中塗り，上塗りの3種類の塗膜より構成されており，それぞれの役割分担を果たすことにより総合的に，鋼素地を保護しています．それぞれの役割は以下のとおりです．

　下塗り：鋼素地に強固に密着する．防錆顔料により鋼素地面を防食する．
　中塗り：環境物質の透過を防ぐ．また下塗りと上塗りのつなぎの役割を果たす．
　上塗り：耐候性に優れ，塗装系を紫外線劣化から守る．また着色顔料により，美装の役割を担う．

20 橋梁の立地を含めた部位ごとの防食塗装の特徴を教えて下さい．

　大気中での鋼材の腐食は主に水中に溶け込んだ酸素による湿食であり，水と鋼材が接している時間が長いほど腐食します．防食塗装を行った構造物の腐食も同様に塗膜を浸透していく酸素を含んだ水分により発錆するため，水の影響を受けやすい構造・部位が腐食しやすいといえます．

(1) 橋梁での塗膜劣化事例

　図1は橋梁での部位による塗膜劣化を環境別に調査した事例ですが，さび・はがれとも外側腹板（ウェブ）に比べて下フランジ下面の塗膜劣化が大きくなっています．これは下フランジ下面は結露しやすく，また乾燥しにくいため，水分の滞留時間が長く劣化が生じやすくなるからです．

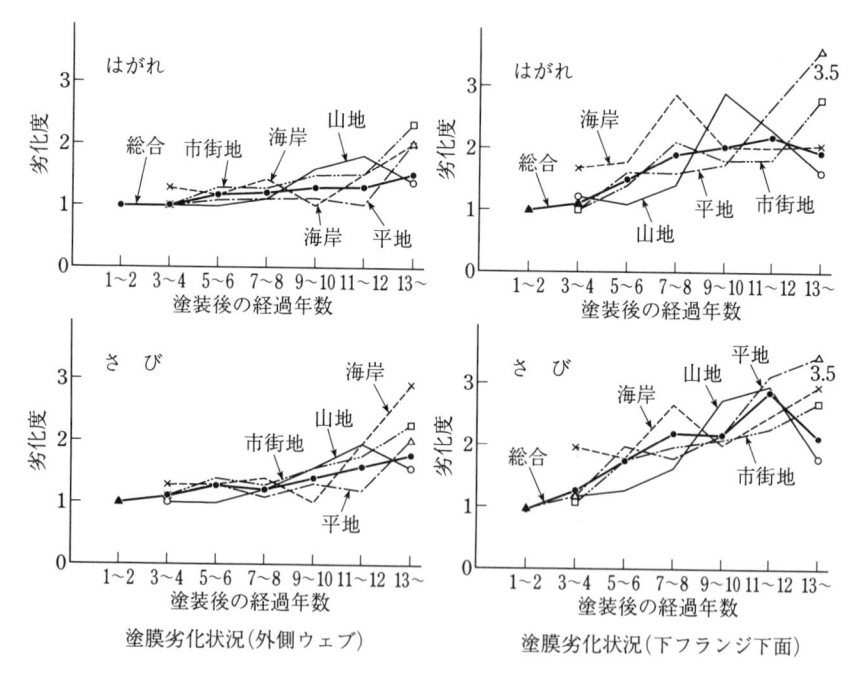

塗膜劣化状況(外側ウェブ)　　塗膜劣化状況(下フランジ下面)

(建設省直轄道路橋254橋についての調査結果) 鋼橋塗装, Vol.9, No.4, 鋼道路橋塗装実態調査報告
　図1　橋梁の部位による塗膜劣化の差異 （「鋼道路橋塗装便覧」[1]）

対策として，下フランジ下面や箱桁下面などは下塗り塗装を1層増し塗りして，耐久性を向上させる手法が取られています．

(2) 形状による腐食と対策

a) エッジ部の面取り加工

エッジ部分は角が鋭角ですから，所定の塗装膜厚を確保することが困難です．そのためにその箇所での発錆が生じやすくなります．

その対策として，鋼材加工時や塗替え時にエッジ部を面取りすると所定の膜厚を確保できます．

b) ボルト接合部の防錆

ボルト部は形状が複雑で素地調整程度が悪くなり，塗膜の劣化が早くなります．このために海上長大橋では，あらかじめ化成処理とプライマーを塗布した防錆ボルトを採用すると，防食効果の高くなることが立証されています．また，接合部の摩擦係数が得られる無機ジンクリッチペイントを塗装しておくと，工事中の発錆防止や供用中の鋼材の耐食性の向上に役立ちます．

参考資料
1) 日本道路協会：鋼道路橋塗装便覧, p.5(1990)

21 防食塗装設計の考え方について教えて下さい．

> 防食塗装設計では，鋼構造物に適用する防食塗装仕様の選択，補修，更新回数の推定などを行うにあたり，対象構造物の状況，防食法に対する要求性能を考慮します．

防食塗装設計をするにあたり，以下の項目を考慮する必要があります．図1にその手順を流れ図で示します．

(1) 対象構造物の状況

a) 期待耐用年数

期待耐用年数の長短により選択する防食仕様が異なるので，まず考慮する項目です．期待耐用年数が長い場合，防食性，耐久性を優先に考え，トータルコストを小さくするような防食法，防食仕様を選択します．

b) 期待耐用期間内における補修・更新

次に期待耐用期間内の補修・更新をどの程度行うかを考えます．海上，海中での補修作業は非常に難しく，多額の費用を要します．したがって，期待耐用期間内の補修・更新が少ない防食法，防食仕様を考慮します．

c) 設置環境の条件(腐食性)

飛沫帯，干満帯における防食被覆の劣化は，海塩粒子，温度，波浪などの環境因子のほか，紫外線，流木による損傷，海中生物の付着なども関係するため，耐衝撃性に優れた防食法，防食仕様を選ぶなどの配慮が必要です．

d) 構造単位の大きさと形状

対象とする構造物の構造と形状によって，適用できる防食法が異なります．一般に鋼管杭は新設時の工場であらかじめ有機ライニングなど重防食被覆材を被覆したプレ防食材の適用を含め，ほとんどの防食法を適用できます．一方，鋼矢板，鋼管矢板の継手部の防食は打設後現地で行うため，適用できる防食法は限られます．このように，新設で単純な形状の構造物はそのまま現地に設置するので，工場で防食施工しますが，複雑な構造部分は現地で塗覆装するなど，適用できる防食法が限定されます．

e) 防食施工範囲

海上大気部の面積が小さな構造物では，海上大気部〜干満帯を単一の防食法，防

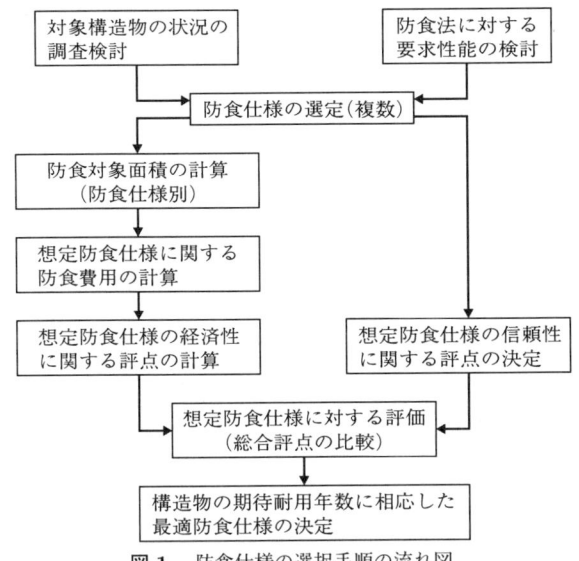

図1 防食仕様の選択手順の流れ図
(「海洋構造物の防食指針・同解説 (案)」[1])

食仕様で防食します．海上大気部と飛沫帯の境界は明確なものでなく，腐食速度の大小で便宜的に境界が設けられています．できる限り上まで飛沫帯，干満帯の防食法を適用することが防食の観点から好ましいといえます．

(2) 防食法に対する要求性能

a) 防食性能

環境遮断効果が大きく，優れた耐食性，耐候性，耐衝撃性，耐摩耗性がある防食法を選択する必要があります．期待耐用年数と経済性を勘案したうえで防食法を選択しますが，飛沫帯，干満帯など補修が困難な部位については，防食性を最優先して防食法を選択することが望まれます．

b) 経済性

防食性に次いで重要です．補修・更新などを含めたトータルとして同じ防食効果が得られるならば，イニシャルコストおよびメンテナンスコストを考慮して最も経済的な防食法を選定します．メンテナンスは困難な場合があるので，防食性能に関する信頼性を十分考慮する必要があります．

c) 施工性

塗装は比較的施工しやすい防食法で，構造単位の大きさや形状による制限をほ

とんど受けませんが，能率良く作業でき，材料歩留まりがよい防食法を選定することが望まれます．そのため，防食仕様(素地調整グレード，塗装材料，塗装方法，塗装回数など)，工期，施工環境などを検討します．

d) 補修の難易

メンテナンスフリーを目指して防食性能が高い防食法を選択した場合でも，不測の出来事により補修が必要となる可能性があります．したがって，初期施工防食仕様のメンテナンスの難易度や補修，更新用防食仕様を考慮する必要があります．

e) 使用実績

その防食法の使用実績，すなわち適用構造物の数や適用面積，経過年数，さらに防食性能に関する成績は重要な因子です．使用実績が多く，好成績を納めている防食法はそれだけ防食性能の信頼性が高いことになります．

f) 外観

海洋構造物では外観が問題となることは少ないですが，景観との調和やシンボルとしての必要性から色彩設計を求められる場合があります．その場合，防食被覆が所要の色彩にできるかを検討します．色彩は塗装系防食法が優れており，任意の色彩にすることができます．

参考資料

1) 建設省土木研究所，鋼管杭協会：海洋鋼構造物の防食指針・同解説(案)(飛沫帯・干満帯編)，p.11 (1990)

22 塗料に有害物質が含まれているのですか？

> JIS 規格に規定されている鉛系さび止めには，鉛系化合物を含むものがあります．また，塗装作業性を向上する目的で，各種溶剤を含むものが広く用いられています．しかし，最近ではこれら有害物を含まない環境にやさしい塗料も使用されるようになっています．

塗料は一般に，樹脂（バインダー）と顔料および溶剤と少量の添加剤を混合してつくられています．これらを組み合わせることにより，種々の性質をもつ塗料がつくられます．主な塗料成分を表1に示します．

表1 塗料に使用される主な原料

分類	種別	例
主要素	油脂類	大豆油，あまに油，きり油，トール油
	天然樹脂	ロジン
	合成樹脂	アルキド樹脂，エポキシ樹脂，ポリウレタン樹脂
	ゴム誘導体	塩化ゴム，天然ゴム
	瀝青質	コールタール，ピッチ，膨潤炭，アスファルト
副要素	乾燥剤	ナフテン酸鉛，ナフテン酸コバルト
	沈降防止	ベントナイト，ポリアミドワックス
	改質剤	オキシム，シリコン
顔料	着色顔料	チタン白，ベンガラ，黄鉛，カーボン，シアニンブルー
	防錆顔料	亜酸化鉛，シアナミド鉛，亜鉛末，ポリリン酸アルミ
	体質顔料	タルク，硫酸バリウム，マイカ，炭酸カルシウム
溶剤		ミネラルスピリット，トルエン，キシレン，ブタノール，メチルイソブチルケトン

(出典) 中家俊和 [1]

近年塗料分野においても，環境問題が重要な問題の一つとしてとりあげられています．従来の鉛系さび止めを使用する塗装仕様から，エポキシ樹脂塗料を使用する仕様に転換することによって，有害重金属を含まないことが可能になります．また塗替え周期が長くなるため，環境に放出する VOC (Volataile Organic Compound) の削減や維持管理コストの縮減も可能になります．最近ではライフサイクルコスト (LCC) の観点から，一般環境の橋梁にも重防食塗装仕様が適用される例が増加しています．さらに，VOC の削減，有害重金属を含まなくすることによる塗装環境の危険性低減への技術開発にも取り組んでいます．以下に例として建設省土木研究所における「環境にやさしい塗料」の取り組みを紹介します．

大型鋼構造物は設置される現場で塗装されるため，塗料中の溶剤は回収されることなく大気中に放出されます．環境に与える影響をできるだけ少なくするために，溶剤を回収する努力はもちろんのこと，使用する塗料中に含まれる溶剤量を減らす努力がなされています．土木研究所が中心となり，官民共同で環境にやさしい塗料・塗装システムの研究を進めています．重防食分野で広く適用されている鋼道路橋塗装便覧C仕様（(社)日本道路協会）と同等以上の防食性を有し，C仕様を適用した場合に塗料に含まれる溶剤量（VOC）の1/3以上を削減できる塗装仕様の実用化をめざした研究を行っています．

環境にやさしい塗料を使用した塗装仕様例を表2に示します．「環境にやさしい」仕様の促進防食性試験と屋外暴露試験を行い，鋼道路橋塗装便覧C仕様と同等の防食性能を示すことを確認しています．また，国土交通省が管理している国道橋の橋脚や桁で試験塗装を行い，従来の溶剤型塗料と同様に塗装できることも確認しています．

表2 環境にやさしい塗装仕様の例

塗装系	下塗り	ミストコート	下塗り	中塗り	上塗り	溶剤量削減率
鋼道路橋塗装便覧C仕様	無機ジンクリッチペイント 700 g/m² · 75 μm	エポキシ樹脂塗料下塗 160 g/m²	エポキシ樹脂塗料下塗 300 g/m² · 60 μm(2回)	ふっ素樹脂塗料用中塗 170 g/m² · 30 μm	ふっ素樹脂塗料上塗 140 g/m² · 25 μm	771 g/m²
4-1			低溶剤型エポキシ樹脂塗料下塗 500 g/m² · 200 μm	水性ポリウレタン樹脂塗料中塗 160 g/m² · 25 μm	水性ポリウレタン樹脂塗料上塗 160 g/m² · 25 μm	398 g/m² 48.4%
5	水系無機ジンクリッチペイント 700 g/m² · 75 μm		無溶剤型エポキシ樹脂塗料下塗 500 g/m² · 200 μm	水性ポリウレタン樹脂塗料中塗 160 g/m² · 25 μm	水性ポリウレタン樹脂塗料上塗 160 g/m² · 25 μm	73 g/m² 90.5%

(出典) 守屋進 [2)]

将来さらに厳しいVOC規制がなされた場合への最も有効な対応として，全水性塗装システムがすでに開発され，性能評価が行われています．水性塗料は引火による火災の恐れがなく安全であり，作業者にも地球環境にもやさしい塗料です．

従来鉛系さび止め/フタル酸樹脂塗料の塗装仕様で塗装していた鋼構造物に対して，ジンクリッチペイント/エポキシ樹脂塗料/ポリウレタン樹脂塗料を塗装することで，非鉛・非クロムを実現できるだけでなく，重防食塗装仕様は塗替え周期も長くなるので，構造物のライフサイクルコスト（LCC）を考慮した上でも，今後重防食塗装仕様の適用を推進することが望まれています．

参考資料
1) 中家 俊和：鋼橋塗装, Vol.27, No.2, p.18 (1999)
2) 守屋 進：第20回鉄構塗装技術討論会発表予稿集, p.21 (1996)

Coffee Break 5　コンクリートの塗装

　従来からコンクリート構造物はコンクリート生地そのままで用いられてきました．しかし，最近では，塩害，アルカリ骨材反応，ひび割れ，中性化によってコンクリートの表面劣化が目立つようになり，その結果，内部の鉄筋の腐食をうながすことが問題視されるようになりました．その対策として塗装が使用されるようになりました．国土交通省をはじめ，日本道路公団，首都高速道路公団，阪神高速道路公団などでは塗装(保護工)基準が制定され，コンクリート塗装の信頼性が高まっています．

　コンクリート塗装の特徴として，次のようなことがあげられます．
① 環境の遮断性：　塗装により塩害や中性化等を誘起する外部からの水分，塩分，CO_2 腐食性ガス等を遮断することが確実になり，信頼性が高いといわれています．
② 施工性：　構造物の形状，使用環境にとらわれることなく，また，新設・既設を問わずいずれにも容易に施工できます．
③ 環境対策：　上塗り塗料の色彩や光沢は多種多様ありますので，環境に合ったカラーデザインが可能です．
④ メンテナンス：　予想以上に損傷が進行していても部分的な補修が可能であり，別の塗装仕様に変更できます．また塗替えに関しては，その期間は構造物の設置環境，使用条件や塗装する種類によって異なりますが，実績では15年を超えても塗替えを必要としないものがあります．

23 橋梁のカラーデザインはどのようにするのですか？

　塗料には構造物保護と美観(の創出)の2つの基本的役割があります．橋梁の塗装もその両面で機能していますが，景観問題の高まりのなかで，美観創造機能が重要視されてきています．橋梁のカラーデザインは「公共性」「地域性」「美観性」「耐久性」に基づく色彩計画と安全性への配慮と橋梁の位置づけ(意味あい)を考え，CG(コンピュータ・グラフィックス)などを活用して進めています．

(1) 環境色彩計画の基本的な考え方
　橋梁をはじめとして景観を構成する構造物の色彩計画は，環境色彩計画と呼ばれています．
　a) 色彩計画の3つの展開軸（図1）
　色彩計画の一例として明確な評価軸の設定があり，以下の3つの軸があげられます．
　① ヒト—イメージ特性（カラーセグメンテーション）
　色彩計画の対象物（例えば橋梁）が置かれた生活シーンのなかで，人間が橋梁の利用者や，橋梁を目にする住民が抱くイメージの指向性や共感性を確認し，あるべき姿を把握する軸です．
　② 施設—施設・形態特性（カラーコンストラクション）
　対象物はそれぞれ目的をもって建設されており，その目的に応じて規模や形態がつくられます．この規模・形態の特性を理解し，より効率的にかつ効果的に目的を果たすための対象物のありかたを把握する軸です．
　③ 環境—環境特性（カラーシチュエーション）
　あらゆる対象物は，その背景となる環境によって見え方・あり方が異なります．対象物が立地する地域特性，環境特性，文化性などを理解し，あるべき姿を把握する軸です．
　b) 色彩計画の2つの機能軸（図2）
　色彩コンセプトを的確な色彩・配色を用いてデザインすることで環境色彩計画が完成します．その色彩選定にあたり色彩のもつ2つの基本的機能を活用することとなります．

図1 色彩計画の3つの展開軸

図2 色彩計画の2つの機能軸

図3 橋梁色彩計画の流れ図

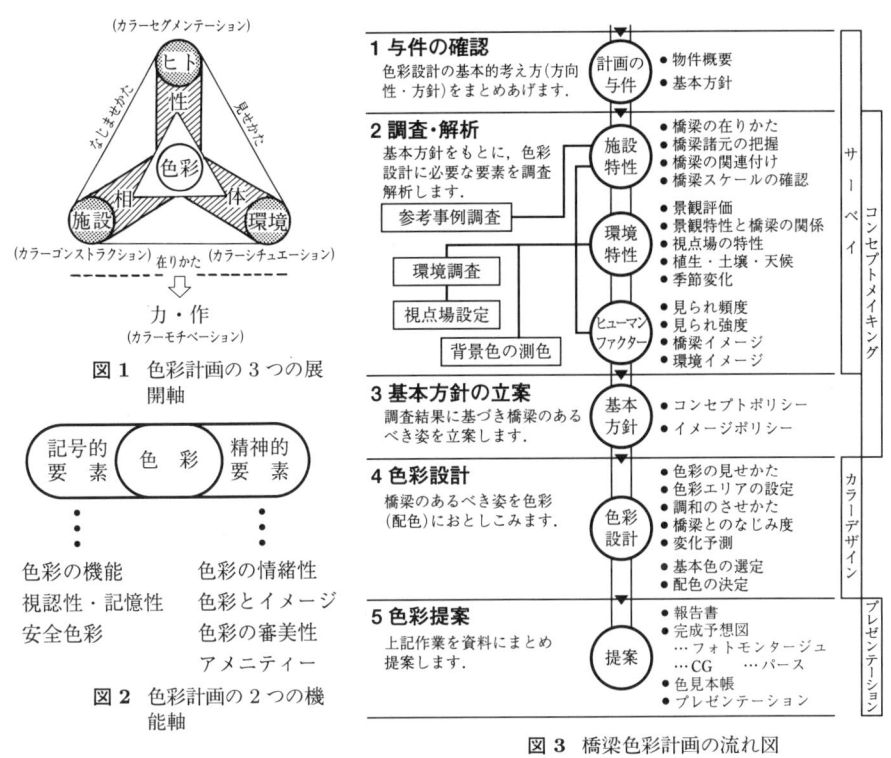

① 記号的要素―機能色

赤を見て火を連想するように，色彩には記憶性や視認性と連動する機能色としての働きがあります．すなわちサインとしての働きであり，安全色彩などはこれをうまく利用した事例です．

② 精神的要素―情緒性

赤を見て心が高揚しアクティブになるように，色彩には人間の精神(心)に訴えかけ，イメージ，感性・審美性と連動する情緒色としての働きがあります．

(2) 橋梁色彩計画の流れ

前述の考え方をフローにまとめると図3のステップとなります．

参考資料
1) 日本ペイント技術資料

24　ジンクリッチペイントとはどんな塗料ですか？

> 亜鉛末を高濃度に配合した塗料で，アルキルシリケートをバインダーとした無機ジンクリッチペイントとエポキシ樹脂をバインダーとした有機ジンクリッチペイントがあります．前者は防食性に優れ，後者は施工性に優れる特徴があり，目的に応じて使い分けられています．

厚膜型ジンクリッチペイントは重防食塗装系の防食層として $75\,\mu m$ の膜厚に塗装されます．加工・組立て期間中のさびの発生を防ぐ目的で $15\,\mu m$ 程度の薄膜に塗装されるジンクリッチプライマーと区別されます．

ジンクリッチペイントには無機系と有機系とがあり，無機系バインダーは主にアルキルシリケートが用いられ，有機系バインダーには通常は防食性に優れたエポキシ樹脂が用いられます．その主な防食機構は亜鉛めっきと同様の作用によります．つまり亜鉛は鋼材よりもイオン化傾向が大きいため，鋼材と電気的に接触すると亜鉛が犠牲陽極となって溶出し，鋼材を防食します．

このためには亜鉛末どうし，および亜鉛と鋼材は電気的な接触が保たれねばならず，塗料の固形分中に金属亜鉛は無機ジンクリッチペイントで75％以上，有機ジンクリッチペイントで70％以上含まれていることが「鋼道路橋塗装便覧」に規定されています．

表1　ジンクリッチペイントの性質

種類	長所	短所
無機系	1) 鋼素地防食性が優れている． 2) 素地面に沿った腐食の進行を防ぐ効果が高い． 3) 電気化学的防食機能が長時間持続する． 4) 耐熱性，耐油性，耐溶剤性がよい． 5) 紫外線の影響を受けない．	1) 高度な下地処理が必要． 2) 過度に厚く塗装すると，塗膜に割れを生じることがある． 3) 上塗り時にミスコートを必要とする．
有機系	1) 鋼素地防食性が優れている． 2) 素地面に沿った腐食の進行を防ぐ効果が高い． 3) 素地面への付着性がよい． 4) 塗装作業性がよく，施工条件の制約が少ない． 5) 機械的強度があり，加工性がよい．	1) 電気化学的防食機能の持続時間が比較的短い． 2) 無機ジンクリッチペイントより耐溶剤性が劣る． 3) 低温時の硬化が遅い．

初期においては犠牲陽極としての防食が主体となりますが，その後亜鉛の腐食生成物が塗膜内の空隙や素地鋼材面に沈着し，環境遮断機能を発揮すると同時に，亜鉛の消耗速度を低減し，また鋼材面を微アルカリに保持することにより防食性

を発揮します．
　表1に無機系，有機系のそれぞれについて長所，短所を示します．

参考資料
 1) 日本塗料工業会 重防食塗料作業部会：重防食塗料ガイドブック (1995)

25 高耐久性塗料とはどのような塗料ですか？

> 海洋環境や海浜環境に設置される鋼構造物に適用し，長期防錆・防食効果が期待できる塗料をいいます．

　高耐久性塗料とは，一般に海洋環境や海浜環境に設置される鋼構造物に適用して，長期防錆，防食効果を期待することができる塗料のことをいいます．防食下地としては，無機ジンクリッチペイントが最も優れた防食性を期待することができます．さらに，エポキシ樹脂塗料を塗り重ね，上塗りにふっ素樹脂塗料を塗装することで，長期の耐久性を期待することが可能です．最近では関西国際空港連絡橋や東京湾横断道路の下部工の防食に，超厚膜エポキシ樹脂塗料を 2 000 μm 以上に塗装することも行われています．また，最近では LCC (Life Cycle Cost) の観点から，一般環境に設置する鋼構造物に高耐久性塗料を適用して，塗替え時期を延長することも行われています．表1に現在鋼構造物に塗装される高耐久性塗料の例を示します．

表1　高耐久性塗料の種類と標準使用量・目標膜厚

塗料の種類	標準使用量 (g/m^2)		目標膜厚 (μm)
	はけ	エアレススプレー	
無機ジンクリッチペイント	−	700	75
エポキシ樹脂塗料下塗り	−	300	60
変性エポキシ樹脂塗料下塗り	240	−	60
超厚膜型エポキシ樹脂塗料	1 000	−	300
ふっ素樹脂塗料上塗り	120	140	25

(出典)「鋼道路橋塗装便覧」[1)]

　一般に塗料は鋼構造物を腐食から保護するとともに，色彩によって周辺環境に適した美観を維持する目的で塗装されます．1層の塗膜でこれらの機能を満足することは一般に困難なため，何層か塗料を塗り重ねて塗膜全体として必要な機能を確保します．海上にかかる橋梁など厳しい腐食環境に置かれる鋼構造物は，塗替えや補修が容易でないので長期耐久性に優れた塗料を組み合わせて塗装されます．代表的な塗装系を表2に示します．

　鋼橋の供用年数は一般に60～100年といわれています．
　防食に期待する耐用年数は，防食機能，景観・美観機能を考慮して評価されま

す．例えば，海岸部に架設される橋梁に表2の塗装系を塗装した場合，美観を主にして塗替えまでの年数は20年以上を期待できます．腐食環境が厳しくない山間部などに用いる油性さび止めの塗装系と耐久性を比較した例を表3に示します．

表2 鋼道路橋塗装便覧　外面用塗装系　C-4

	工程	塗料名	標準使用量 (g/m^2)	塗装方法	目標膜厚 (μm)	塗装間隔
前処理	素地調整	ブラスト処理：ISO* Sa 2.5　SPPS** Sd 2 Sh 2 さらに十分なブラスト処理のグレード				
	プライマー	無機ジンクリッチプライマー	200	スプレー	15	～6ヶ月
工場塗装	2次素地調整	ブラスト処理：ISO* Sa 2.5　SPSS** Sd 2 Sh 2 さらに十分なブラスト処理のグレード				
	下塗り	無機ジンクリッチペイント	700	スプレー	75	2～10日
	ミストコート	ミストコート	160	スプレー		
	下塗り	エポキシ樹脂塗料下塗り	300	スプレー	60	
	下塗り	エポキシ樹脂塗料下塗り	300	スプレー	60	1～10日
	中塗り	ふっ素樹脂塗料中塗り	170	スプレー	30	
	上塗り	ふっ素樹脂塗料上塗り	140	スプレー	25	

(注)　* ISO : International Organization for Standardization
　　　** SPSS : Steel Structures Painting Standardization
(出典)　「鋼道路橋塗装便覧」[1]

表3　高耐久性塗料を使用した場合の期待耐用年数

塗料 環境	一般環境用 フタル酸上塗り	高耐久性塗装系	
	油性さび止め フタル酸上塗り	無機ジンク，エポキシ ウレタン上塗り	無機ジンク，エポキシ ふっ素上塗り
海岸	—	15～20年	20～30年
市街地	6～10年	15～30年	30～40年
山間	8～15年	20～40年	40～60年

ふっ素樹脂塗料を塗装した橋梁で10年以上の実績はまだ多くありませんが，上塗りにポリウレタン樹脂塗料を塗装する鋼道路橋塗装便覧 C-2 塗装系の実績は多くあります．高耐久性塗料である無機ジンクリッチペイント，エポキシ樹脂塗料，ポリウレタン樹脂塗料を塗り重ねた大鳴門橋は，完成から15年経過する現在も良好な防錆性および美観を維持しています．(表3のふっ素樹脂上塗り系は海岸よりも市街地や山間部での耐久性が優れていることと，ウレタン系よりも耐久性が優れていることから，下限耐用年数が高く設定されています．)

参考資料
 1) 日本道路協会：鋼道路橋塗装便覧 (1998)

26 海中で塗装できる塗料はありますか？

　海洋構造物や水門など水中で補修を必要とすることがあり，水中硬化型塗料を海水中などで施工しています．塗料の性状としてペイントタイプとパテタイプがあり，ペイントタイプは2mm前後の厚さに，パテタイプは5mm前後の厚さに塗布されます．

(1) 水中硬化型塗料の種類

　水中硬化型塗料は主にエポキシ樹脂をベースとした塗料が多く，被塗物に塗料を水中で押しつけ塗膜と鋼素地間の水分を押し出すことにより接着します．接着した塗膜はエポキシ樹脂の場合，水中でも樹脂の架橋反応が進み，硬化して塗膜となります．この成膜過程で取り込んでいた水分が塗膜(樹脂)から絞り出されます．この塗膜は外部からの腐食性成分を溶かした水の浸入を防ぎ，良好な防食効果を発揮します．

　このような成膜機構の模式図を図1に示します．塗料のタイプとして膜厚2mm程度のペイントタイプと膜厚5mm程度のパテタイプがあります．この塗膜性能は施工管理に強く依存するといわれています．

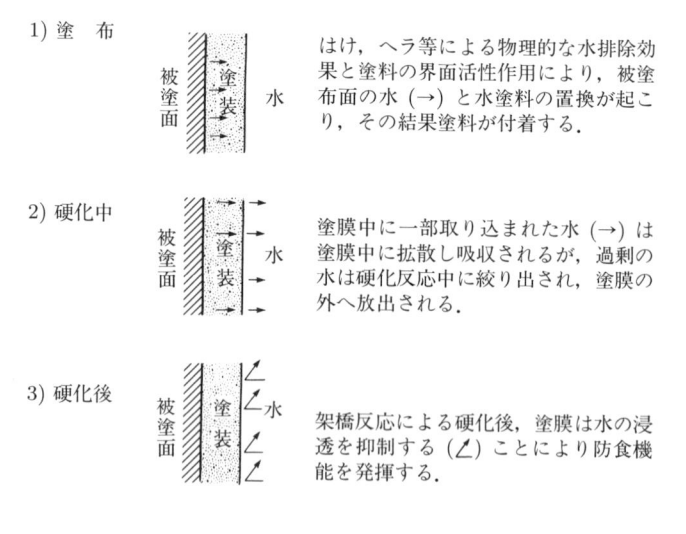

1) 塗布
　はけ，ヘラ等による物理的な水排除効果と塗料の界面活性作用により，被塗布面の水 (→) と水塗料の置換が起こり，その結果塗料が付着する．

2) 硬化中
　塗膜中に一部取り込まれた水 (→) は塗膜中に拡散し吸収されるが，過剰の水は硬化反応中に絞り出され，塗膜の外へ放出される．

3) 硬化後
　架橋反応による硬化後，塗膜は水の浸透を抑制する (∠) ことにより防食機能を発揮する．

図1 水中硬化型塗料の付着機構（日本ペイント社内技術資料[1]）

(2) 施工方法

a) 素地調整

水中ブラスト機によるブラストか手工具によりフジツボなどの付着生物，さび，旧塗膜を除去します．素地調整後は直ちに水中硬化塗料を手やヘラで塗り付けます．

b) 塗料の混合

塗料は高粘度で可使時間が短いため，攪拌機により必要量のみを攪拌します．

c) 塗装作業

手やヘラで被塗物に押しつけて接着させます．このとき，波の影響を受ける場合はあらかじめ波除けの緩衝板やアンカーとして金網を溶接しておく工法もあります．

(3) 用途

a) 海洋構造物

ジャケット，プラットホーム，シーバース鋼管杭，海中パイプ，導水管の補修

b) 橋梁・水門

橋脚，ケーソン，ゲートの補修

c) 護岸設備

臨海工場や河川のシートパイルの補修

参考資料

1) 日本塗料工業会：重防食塗料ガイドブック，p.90 (1995)

27 新規機能性塗料にはどんな塗料がありますか？

> 新規機能性塗料とは，塗料に本来期待されている防食等の機能にさらに特殊な機能を付加した塗料のことをいいます．

新規機能性性塗料とは，下塗り塗料であれば防食性以外の機能，上塗り塗料であれば耐候性に新しい機能を付与させた塗料の総称です．すなわち，本来その塗料に期待される機能以外に特殊な機能を備えた塗料を指します．

歩道橋や電柱などに広告の貼り紙が貼られ，都市景観を見苦しくしています．上塗り塗料に特殊なシリコン系の添加剤とガラスビーズを混入することで，貼り紙を防止する塗料も新規機能性塗料の一つです．また，特殊なガスに反応することでガス漏れを検知する塗料も開発途上にあります．このように塗料に特殊な機能を付加することで，構造物に新たな機能を付与することも可能になります．

今後の塗料開発はこのような，新規機能性塗料の開発に拍車がかかることが予想されます．以下に最近開発された新規機能性塗料の例を示します．

(1) 高速溶断・溶接性塗料

無機ジンクリッチプライマーと同等の防錆性を有し，高速溶断性（高速溶断を行っても手直しが少ない），溶接性（溶接に悪影響を与えない）に優れた塗料です．無機ジンクリッチプライマーと同様，ミルメーカーで鋼板をブラスト処理した鋼板に一時防錆を目的に塗装されます．樹脂にアルキルシリケートなど無機質系樹脂を使用し，耐熱性を向上するとともに，亜鉛末を含み電気化学的防食作用があり，優れた防錆力を発揮します．無機ジンクリッチプライマーの防錆性を低下しない範囲で亜鉛末含有量を少なくし，溶接時亜鉛から出るヒュームの量を減らすことで，溶断，溶接性をさらに高めた機能を付加しています．

(2) 高摩擦有機ジンクリッチペイント

有機ジンクリッチペイントと同等の防錆性を有し，高すべり摩擦係数が得られる塗料です．有機ジンクリッチペイントは，無機ジンクリッチペイントと比べ塗装作業性が良く，無機ジンクリッチペイントでは欠かせなかったミストコート工程が不要であるなど作業上の制約条件も少ない塗料です．しかし，従来の有機ジンクリッチペイントは，すべり摩擦係数が無機ジンクリッチペイントに比べ低いため，橋梁の摩擦接合による継手部の塗装に用いることはできませんでした．

最近，高すべり摩擦係数を有する有機ジンクリッチペイントが開発され，継手部の塗装に使用できるようになりました．日本道路公団のⅠ塗装系では，継手部の塗装のみ無機ジンクリッチペイントを使用しなければならず，橋梁製作メーカーの工程が煩雑でした．しかし，新たに開発された高摩擦有機ジンクリッチペイントは，ミストコートを省略できるだけでなく，継手部の塗り分けも不要となるなどメリットが多いので，今後採用が増えるものと期待されています．

(3) 土木用防汚材料

高耐候性上塗り塗料に低汚染性機能を付与した塗料です．近年，大都市およびその周辺地域では，自動車排気ガスなど大気汚染物質によって，土木・建築構造物の汚れが目立つようになってきたことから，土木研究所と民間17社が平成7年度から3年間にわたり共同研究を進め，土木用防汚材料の開発とその性能を短期間で評価する促進試験方法を開発し，土木構造物へ適用するための利用技術ガイドライン(案)を作成しています．

表1に示す土木用防汚材料Ⅰ種は，一般屋外土木構造物およびその付帯設備に，土木用防汚材料Ⅱ種はトンネルおよびその付帯設備に適用します．

表1 土木用防汚材料の性能基準

適用場所	防汚材料の分類	評価促進試験	性能基準
屋外土木構造物およびその付帯設備	土木用防汚材料Ⅰ種	防汚材料評価促進試験Ⅰ(案)	$\Delta L^* - 7.00$ 以上
トンネルおよびその付帯設備	土木用防汚材料Ⅱ種	防汚材料評価促進試験Ⅱ(案)	$\Delta L^* - 5.00$ 以上

(注) ΔL^*：色差を表示する一指標で，色の明度を表しています．この値が高いほど塗膜の耐久性が高く保持されていることになります．
(出典)「構造物の防汚技術開発に関する共同研究報告書(その5)」[1]

従来の高耐候性上塗り，例えば従来のふっ素樹脂塗料の表面は，親油性であるため，自動車排気ガスのような親油性汚れを吸着して汚れが目立つようになりますが，低汚染型塗料の表面は親水性なので，親油性汚れは付着しにくい状態になっています．

参考資料
1) 建設省土木研究所：構造物の防汚技術開発に関する共同研究報告書(その5)—土木構造物用防汚材料の利用技術ガイドライン(案)—，共同研究報告書，整理番号第199号 (1998)

28 環境対応型塗料とはどのような特徴をもった塗料ですか？

　環境対応型塗料とは揮発性有機化合物(Volatile Organic Compound ; VOC)や有害重金属など環境規制の対象となるものを含まない塗料，さらに昨今の風潮では積極的な環境浄化型の塗料，すなわちNOx，SOxなどを分解する作用を有する塗料，あるいは汚れが付着しにくく構造物の美観を維持する塗料などを指します．

環境対応型塗料とは次のような塗料を指します．

(1) 環境に対して有害物質を出さない．
　VOC (揮発性有機化合物)，有害重金属などの環境汚染物質を出さないか，放出量が一定基準値以下の塗料．
　a) ゼロVOC〜低VOC塗料
　粉体塗料，無溶剤・ハイソリッド塗料，水系塗料などがこれに相当します (「ハイソリッド」とは，溶剤に比べて溶質 (固形) 成分が多いものをいいます)．
　粉体塗料は固形であるために溶剤はまったく含みませんが，加熱により溶融，成膜させるため工場塗装が前提で，現地施工は困難です．
　無溶剤・ハイソリッド塗料は従来の溶剤型塗料の技術を応用でき，防食塗料の分野では最も適用が進んでいますが，塗装作業性が悪いなどの制約を抱えています．今のところ厚膜型の下塗り中心になっています．
　水系塗料については，溶剤臭気がない点や非危険物であることなどで溶剤型塗料に比べて環境対応上有利であり，また最近では溶剤系に劣らない性能のものが出てきています．
　しかしながら希釈溶媒として水を使うことから，現場施工においては低温時や高温度での成膜に制約があります．
　b) 防汚塗料
　船底防汚塗料は生物付着を防ぐために，従来は有機すずポリマーを用いて自己研磨性をもたせる方法が主流となっていた時期がありますが，海洋環境への有機すずの蓄積が問題となり，さらにIMO (International Marine Organization) で2003年以降はトリブチルすずの世界的使用禁止が決定されたこともあって，有機すずを含まない銅系ポリマー，シリコーン系ポリマーなどによる防汚塗料の開発

が進んでいます．

　c) 非鉛・非クロム塗料

　防食塗料は，従来より JIS さび止めにクロム，鉛化合物を防錆顔料として使用しているものがあります．これらの化合物は塗料への使用規制はないものの環境への排出基準が定められていて，塗料業界として無公害防錆顔料を配合した塗料に切り替えつつあります．

　特に重防食塗装系においては，ジンクリッチペイント/エポキシ樹脂塗料/ポリウレタン樹脂塗料・ふっ素樹脂塗料が主流となっていて，この塗装系ではクロムや鉛化合物は全く使われていません．

(2) 環境浄化作用を有する塗料

　酸化チタンの光触媒作用を利用して自動車の排気ガスや産業廃棄物としての有害ガスである NOx，SOx を分解する機能を有する塗料などが検討されています．

(3) 景観保全型塗料

　この塗装系は，自動車の排気ガスなどによる構造物の汚れを防ぎ，景観保全機能を維持できる塗料です．塗面に親水性を付与するなどにより，雨筋汚れが残らず，排気ガスなど親油性の汚れ物質が付着してもすぐに流れ落ちるような工夫がなされています．

29 飛沫帯や干満帯のような厳しい腐食環境に適した塗装系にはどのようなものがありますか？

> 海洋構造物の干満帯は乾湿交番と塩分付着により腐食因子である水・酸素の供給が最も大きくなり，厳しい腐食環境と考えられます．FRP保護カバーやチタンクラッド鋼が使用されていますが，塗装による防食も可能であり，超厚膜エポキシ樹脂塗料が使用されている例もあります．

(1) 当該部位に用いられる塗料の種類

a) 超厚膜エポキシ樹脂塗料

超厚膜エポキシ樹脂塗料は，通常の厚膜エポキシ樹脂塗料が $100\,\mu m$ 程度の厚さであるのに対してmm単位で塗装できる塗料です．有機ライニング材が工場での設備による施工であるのに比べて，専用塗装機が必要ですが，ヤードや現場での塗布作業が可能であり，かつ常温で硬化するため加熱などの設備を必要としません．

一般的な塗装仕様として，有機ジンクリッチプライマーの上に2mm程度の厚さに吹き付け塗装します．

塗装実績として関西空港の干満部橋脚，東京湾横断道路換気塔ジャケット，海上橋のケーソンなどに採用されています．

b) ガラスフレーク塗料

ガラスフレーク塗料は，エポキシ樹脂やビニルエステル樹脂に鱗片状のガラスフレークを配合した塗料であり，塗膜中でガラスフレークが層状に配列するため，水分・酸素の透過を抑制して防食効果を発揮します．これら腐食因子の透過速度はエポキシやタールエポキシ樹脂塗料の1/3程度といわれています．

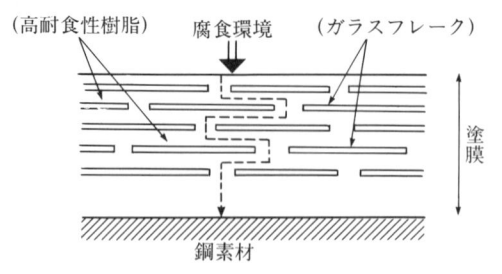

図1 ガラスフレーク塗料の塗膜断面の模式図（「空港連絡橋の鋼構造物の防錆防食指針（案）」[1]）

一般的な塗装仕様として専用プライマー塗装後，600～1000μm にエアレススプレーで塗装します．

近年では大規模水門のゲート部に塗装されています．

ガラスフレーク塗料の塗膜断面模式図を図1に示します．

(2) 耐久年数の考え方

超厚膜エポキシ樹脂塗料を用いた防食工法として，塗装系と被覆系を併用する複合防食法があります．構造物の供用期間を100年とした場合の無補修防食の考え方の一例を図2に示します．

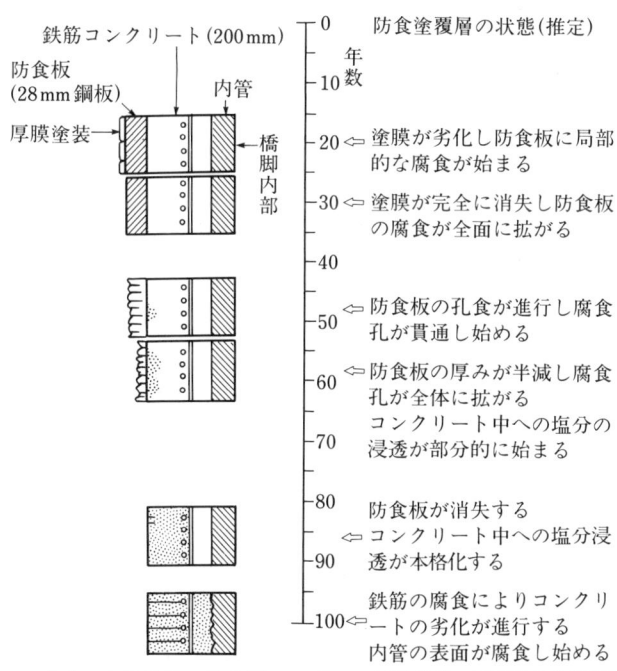

参考：「海洋コンクリート構造物の防食指針（案）」(JCI)では，かぶり厚さは12.5cmで半永久的耐久性あり．

注 1. 厚塗塗装の耐用年数を鋼素地発錆まで20年，塗膜消失まで30年とする．
 2. 鋼材の浸食度は飛沫帯で孔食深さ1mm/年，平均0.5mm/年とする．
 3. コンクリートの防食効果は，調査・試験データから推定．

図2　100年無補修防食の考え方（「空港連絡橋の鋼構造物の防錆防食指針（案）」[1]）

参考資料

1) 関西国際空港 (株), 土木研究センター：空港連絡橋の鋼構造物の防錆防食指針 (案), pp.28, 114 (1986)

30 海洋鋼構造物の塗装仕様はどのようなものがありますか？

> 各官公庁から塗装仕様が出ています．基本は防食層にジンクリッチペイントを使用し，エポキシ樹脂塗料を必要に応じた厚膜に塗装し，耐候性に優れた上塗りを塗装する使用を推奨しています．

(1) 海上大気部外面用塗装系の例

海洋環境の塗装仕様は，各官公庁から仕様が出されています．詳細は個々の塗装仕様を参照して下さい．ここでは例として，本州四国連絡橋のような厳しい腐食環境に架設される橋梁に採用され，長期防食と塗替え周期の延長などの特徴がある鋼道路橋塗装便覧 C 塗装系を例として，表 1 に示します．

C-1，C-3 塗装系は現場で中・上塗りを塗装する塗装系であり，C-2，C-4 塗装系は工場で上塗りまで塗装する塗装系です．また，C-3，C-4 は耐候性に優れたふっ素樹脂塗料を上塗りに用いたものです．

近年膜厚管理など塗装管理を確実に行うことを目的に，C-2，C-4 塗装系で上塗りまで工場で塗装する全工場塗装が増えてきています．

表 1 外面用塗装の例 (鋼道路橋塗装便覧記載の外面用塗装系 C)

	塗装系	C-1	C-2	C-3	C-4
前処理	素地調整	ブラスト処理, ISO Sa 21/2, SPSS Sd 2, Sh 2			
	プライマー	無機ジンクリッチプライマー 200 g/m² (15 μm)	無機ジンクリッチプライマー 200 g/m² (15 μm)	無機ジンクリッチプライマー 200 g/m² (15 μm)	無機ジンクリッチプライマー 200 g/m² (15 μm)
	間隔	~6 ヶ月	~6 ヶ月	~6 ヶ月	~6 ヶ月
工場塗装	2 次素地調整	ブラスト処理, ISO Sa 21/2, SPSS Sd 2, Sh 2			
	下塗り	無機ジンクリッチペイント 700 g/m² (75 μm)	無機ジンクリッチペイント 700 g/m² (75 μm)	無機ジンクリッチペイント 700 g/m² (75 μm)	無機ジンクリッチペイント 700 g/m² (75 μm)
	間隔	2~10 日	2~10 日	2~10 日	2~10 日
	ミストコート	ミストコート 160 g/m²	ミストコート 160 g/m²	ミストコート 160 g/m²	ミストコート 160 g/m²
	間隔	1~10 日	1~10 日	1~10 日	1~10 日
	下塗り	エポキシ樹脂塗料下塗	エポキシ樹脂塗料下塗	エポキシ樹脂塗料下塗	エポキシ樹脂塗料下塗

	塗装系	C-1	C-2	C-3	C-4
工場塗装	間隔	1～10日	1～10日	1～10日	1～10日
	下塗り	エポキシ樹脂M10塗料 360 g/m² (60μm)	エポキシ樹脂M10塗料 360 g/m² (60μm)	エポキシ樹脂M10塗料 300 g/m² (60μm)	ふっ素樹脂M10塗料 300 g/m² (60μm)
	間隔		1～10日		1～10日
	中塗り		ポリウレタン樹脂塗料用中塗り 170 g/m² (30μm)		ポリウレタン樹脂塗料用中塗り 170 g/m² (30μm)
	間隔		1日～10ヶ月		1日～10ヶ月
	上塗り		ポリウレタン樹脂塗料用上塗り 140 g/m² (25μm)		ふっ素樹脂塗料上塗り 140 g/m² (25μm)
	間隔	～12ヶ月		～12ヶ月	
現地塗装	中塗り	ポリウレタン樹脂塗料用中塗り 140 g/m² (30μm)		ふっ素樹脂塗料中塗り 140 g/m² (30μm)	
	間隔	1日～10ヶ月		1日～10ヶ月	
	上塗り	ポリウレタン樹脂塗料用上塗り 120 g/m² (25μm)		ふっ素樹脂塗料上塗り 120 g/m² (25μm)	

(出典)「鋼道路橋塗装便覧」[1)]

(2) 飛沫帯の塗装仕様の例

飛沫帯の塗装仕様の例として，関西国際空港連絡橋の鋼下部構造物の塗装仕様を表2に示します．塗装系Bは飛来塩分が多く，常に湿気を帯びた厳しい腐食環境にある飛沫帯に適用する塗装仕様です．腐食性物質の透過を抑制するエポキシ樹脂塗料の膜厚が大きい塗装系です．

塗装系Cは防食性に優れた厚膜型無機ジンクリッチペイントの上に，腐食性物質の透過を阻止する効果が極めて大きいガラスフレーク塗料を塗装し，さらに，耐候性がよいポリウレタン樹脂塗料を上塗りすることを特徴としています．

(3) 干満帯の塗装仕様の例

干満帯の塗装仕様の例として，東京湾横断道の川崎人工島の防食仕様を表3に示します．

有機ジンクリッチプライマーの上に，超厚膜エポキシ樹脂塗料を2300μmの厚膜に塗装することで，長期防食性を維持する塗装仕様です．

表2 関西国際空港連絡橋 鋼下部構造物飛沫部の塗装仕様

	塗装系	B	Q
工場塗装	一次素地調整	原板ブラスト	
		無機ジンクリッチプライマー 20 (200)	
	二次素地調整	製品ブラスト	
	第1層	厚膜型無機ジンクリッチペイント 75 (700)	
	塗装間隔	2日〜6ヶ月	
	第2層	ミストコート − (700)	専用プライマー
	塗装間隔	2日以内	
	第3層	厚膜型エポキシ下塗り 100 (500)	ガラスフレーク塗料 250 (650)
	塗装間隔	1日〜3ヶ月	1日〜3ヶ月
	第4層	厚膜型エポキシ下塗り 100 (500)	ポリウレタン用中塗り 30 (170)
	塗装間隔	1日〜3ヶ月	1日〜7日
	第5層	ポリウレタン用中塗り 30 (170)	ポリウレタン用上塗り 30 (170)
	塗装間隔	1日〜7日	
	第6層	ポリウレタン用上塗り 30 (170)	
	合計乾燥塗膜厚	335	385

(注) 表中の数値は乾燥膜厚（μm）を示す．（ ）内の数値は塗付量（g/m²）を示す．
(出典)「空港連絡橋の鋼構造物の防錆防食指針（案）」[2]

表3 川崎人工島の防食仕様例

	塗料名	標準膜厚 (μm)	標準使用量 (g/m²)	塗装間隔
第1層	有機ジンクリッチプライマー	20	200	1日〜
第2層	エポキシ樹脂ライニング	2 300	6 000	6ヶ月

(出典)「東京湾横断道路 橋梁および鋼構造物の防食指針（案）［ジャケット式鋼製護岸編］」[3]

参考資料
1) 日本道路協会：鋼道路橋塗装便覧, pp.22-23 (1990)
2) 関西国際空港 (株), 土木研究センター：空港連絡橋の鋼構造物の防錆防食指針 (案), p.113 (1986)
3) 東京湾横断道路 (株)：東京湾横断道路 橋梁および鋼構造物の防食指針 (案)［ジャケット式鋼製護岸編］, p.24 (1988)

31 塗装の将来はどうなるのですか？

　昨今の社会情勢から塗装の将来は，構造物の維持管理まで含めたコスト削減に向け省力化，省工程を目指しています．また，環境にやさしい塗料やリサイクル原料の再利用技術も開発されています．

　土木構造物は高い安全性が必要とされるとともに，一般に耐用年数が50～100年と極めて長いことが期待されています．したがって，耐久性，安全性を含めて綿密な構造設計がなされているとともに，確実な施工がなされています．現在の技術で長期防食性を確保するには，適切な塗装を選択する必要があり，これらの塗装をもってしても，やがては塗り替えなければならない時期がきます．各方面で信頼性が高い防食塗装の研究がなされていますが，新しい塗料，塗装の開発だけでなく，施工を含めた将来を考える必要もあります．

　一方，塗装作業に関する情勢は，現在，鋼橋塗装工は約10 000人いるといわれていますが，近年塗装工を希望する人が少なくなり，その養成が困難な社会情勢になっています．このままでは10年後には半減するともいわれています．塗装の将来はこのような社会情勢をふまえて，以下のような技術開発を早急に確立することが必要になっています．

(1) ロボットによる自動塗装システムの開発

　塗装工事では，足場の架設・撤去に塗装工事費全体の約5割以上を要するともいわれ，多大の費用が掛けられます．また，高所作業に伴う人命の危険と不衛生な作業環境条件を余儀なくされています．経済性はもとより，特に安全衛生面の改善と省力化のために，将来的には塗装の自動化が望まれる分野であるといわれています．このような背景から，ロボットを用いた自動塗装システムの開発が行われています．

(2) 重防食塗装と全工場塗装

　社会資本の増大とともに，今後これら構造物の維持管理コストが膨大になってくることが各方面で指摘されています．さらに加えて，熟練塗装工の高齢化・不足といった社会的な情勢もあり，塗替え塗装の低減，合理化が必要となっています．塗替え周期の延長や塗替え数の削減といったメンテナンスを低減する方法を関係部門で取り組んでいます．塗替え周期の延長を実現するため，重防食塗装を

一般環境に設置する構造物にも適用することが必要です．

また，新設時の塗装管理をより理想的な環境で行うために，上塗りまで工場で行う全工場塗装が多く採用されるようになってきています．従来，鋼道路橋塗装便覧C塗装系の6回塗りで重防食塗装を行っていましたが，最近では厚膜に塗装できる塗料を使用して，全工場塗装で塗装工程を3回に削減する塗装系の提案もなされています．

(3) 省資源，リサイクル原料の利用

エポキシ樹脂塗料など長期防食性を期待する塗料は，主剤と硬化剤の2液を混合して使用します．この種の塗料は反応硬化するため可使時間内に塗装する必要があり，可使時間を過ぎた未使用塗料は廃棄処分されます．省資源化の観点から最近では，2液型塗料の可使時間の制約を排除した1液反応硬化エポキシ樹脂塗料が使用され始めています．

塗料用樹脂はその大部分を石油系原料に依存しており，廃プラスチックをリサイクルして，塗料用原料とする研究も進んでいます．限りある資源を有効に利用するため，リサイクル原料を利用した塗料の開発もなされています．

(4) 環境にやさしい塗料，塗装

今日では環境問題は一国の問題にとどまらず，成層圏のオゾン層破壊，地球温暖化，酸性雨など国境を越えたボーダレスな環境問題として，これからの産業活動に大きな取り組み課題となっています．近年，橋梁用塗料分野においても，環境問題を最も重要な問題の一つとして取り上げ，揮発性有機物(VOC)の削減，非鉛・非クロム化による塗装環境の危険性低減への技術開発に，土木研究所が中心になって取り組んでいます．現在，鋼道路橋塗装便覧C塗装系のVOCを1/3削減する塗装系が実用段階にあります．さらに，VOCを削減した全水性塗装システムなどの研究も各方面で盛んに行われています．

参考資料
1) 鋼材倶楽部：社会資本の腐食・防食—橋梁，港湾，陸上，海洋構造物など—防食セミナー 13 (1992)

32 現地での塗装方法はどのようなものがありますか？

　土木鋼構造物の塗装にはエアレススプレーなどの吹付け塗装やはけ塗り，ローラー塗りが行われています．工場内での塗装には作業速度が早いエアレススプレーが主に使用され，現場塗装には飛散が少ないはけによる塗装が行われています．厚膜タイプの塗料の場合は特殊なエアレススプレー装置もあります．

(1) はけ塗り

　はけ塗りは簡単な道具を用いて，部材の形状を問わず良好な塗布作業ができる方法で，古くから用いられています．施工能率は低いですが塗料の飛散が少なく新設，塗替えを問わず現場での塗布作業はほとんどがこの方法で行われています．

　手作業による簡便な方法である反面，塗膜品質が塗装工の技能に左右され，技能が劣ると膜厚が不均等になったり，塗り残し，はけ目，ながれ等の欠陥が生じるおそれがあります．

　また1回の塗付け量に限度があるため，厚膜に塗装する場合は塗布回数を増やす必要があります．

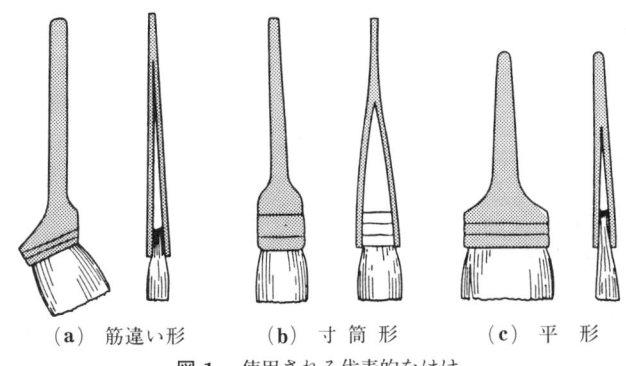

　　(a) 筋違い形　　(b) 寸筒形　　(c) 平形
図1　使用される代表的なはけ

(2) ローラーブラシ塗装

　広い平坦な面に対する塗布作業では，ローラーブラシ塗りは，はけ塗りに比べて能率が良く塗膜厚のばらつきも少なくできます．塗料の粘度や目標塗膜厚に適し

たローラーカバーを用いれば，下塗りや中塗りの施工に適しています．しかし凹凸部，細物部材，すき間部などは施工できないためはけ塗りとの併用が必要です．

ローラーブラシ塗りは塗装時に塗料の泡を発生する問題を生じることがあります．このため，ローラーの種類，塗料粘度などを調整する必要があります．

(3) エアレススプレー塗装

エアレススプレー塗装は，空気圧でポンプを作動させ塗料を直接加圧し，ノズルチップから霧状になった塗料を吹き付ける方法です．施工能率が高く塗料を均等な厚さに塗布しやすい方法で，ジンクリッチペイントやエポキシ樹脂塗料などの厚膜型塗料の塗布にも適しています．しかし，霧状化した塗料が飛散しやすいので，飛散防止の対策が講じやすく周辺環境への影響が少ない工場内での塗装に多く使用されています．

超厚膜エポキシ塗料の塗装は，塗料の粘度が高いためエアレス機の吸い込みホース側を上部からホッパーで落下させるタイプで行われています．

エアレス塗装機で一般的に用いられるプランジャーポンプ式エアレスユニットを図2に示します．

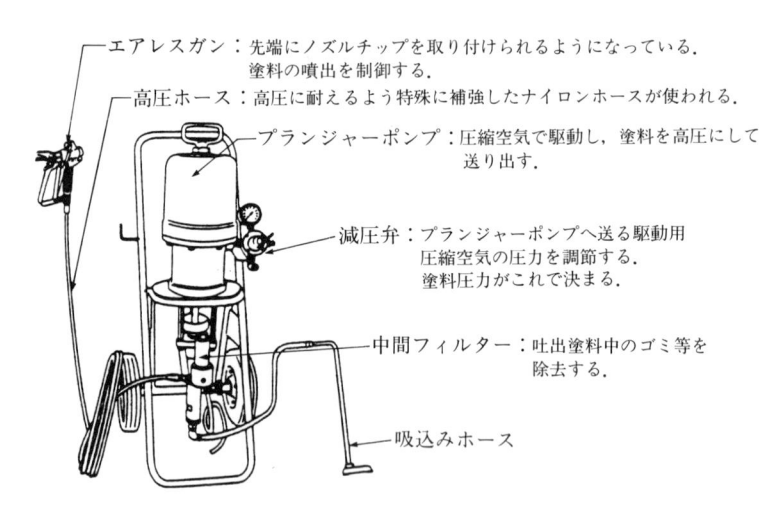

図 2(a)　エアレス塗装機の例．プランジャーポンプ式エアレスユニット

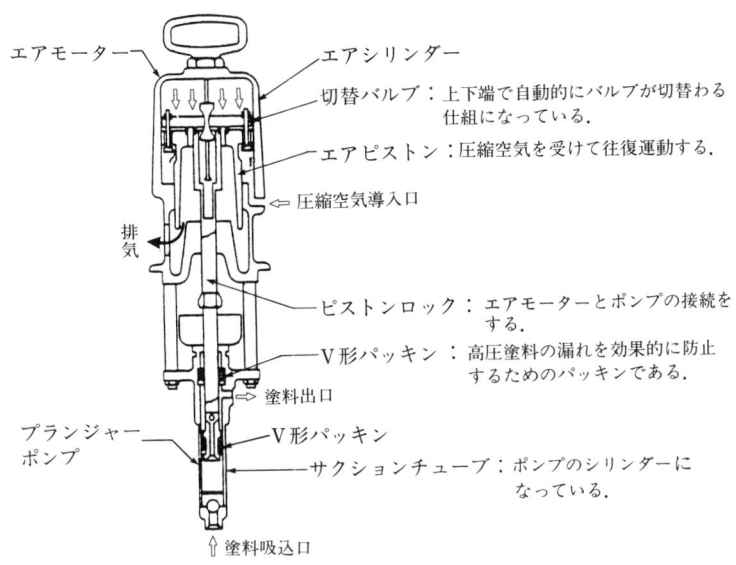

エアモーター
エアシリンダー
切替バルブ：上下端で自動的にバルブが切替わる仕組になっている．
エアピストン：圧縮空気を受けて往復運動する．
⇐ 圧縮空気導入口
排気
ピストンロック：エアモーターとポンプの接続をする．
V形パッキン：高圧塗料の漏れを効果的に防止するためのパッキンである．
⇒ 塗料出口
プランジャーポンプ
V形パッキン
サクションチューブ：ポンプのシリンダーになっている．
⇧ 塗料吸込口

図 2(b) エアレス塗装機の例．プランジャーポンプの構造

33 海上大気部での塗装施工の管理上のポイントは何ですか？

> 防食施工をする上で塗料は半製品であり，塗装することにより防食塗膜が形成され，本来の目的を達します．このため防食材料や設計がいかに優れていても施工に不手際があると本来の性能が発揮できず，特に海洋環境など腐食条件が厳しい構造物では早期に欠陥を生じるため十分な施工管理が必要です．

(1) 施工計画
防食施工に当たりあらかじめ，工場施工，現場施工にかかわらず工事概要，作業環境，施工方法，作業工程，組織，管理方法，設備，資材，架設計画，安全対策等を十分に考慮して施工計画を作成し，監督官と協議の上，施工を進めます．特に防食工程は新設工事の場合，最終工程となるため工期に制約されることが多く，工事に先立ち防食施工の期間をあらかじめ十分に確保することが望まれます．

(2) 塗装の品質管理
a) 使用材料と品質の確認

使用塗料の性質をよく調べ，使用方法を誤らないことが大切です．特に重防食塗料の場合は，塗料液，硬化剤，粉末など多液型で使用直前に混合して使用する材料が多く，希釈シンナーも間違えると硬化不良を起こしはく離を生じることもあります．各塗料の取扱い説明書を十分理解することが重要です．また塗料品質は，製造会社や公的機関で発行された品質証明書で保証されていますが，使用期限が定められている場合が多く，使用期限内に使用することが必要です．

b) 塗料の調合

多液型塗料の場合，混合比率を間違えると正常な塗膜を形成できません．また十分に攪拌しないと均等に反応せず，特に厚膜型塗料の場合は粘性が高く，手攪拌では十分な混合ができません．このため，補修などで少量使用する場合は，はかりを用いて所定の混合比率で使用するとともに，混合作業は現場といえども，動力攪拌機で混合することが大切です．

c) 素地調整の確認

鋼構造物の場合，素地調整程度が塗膜寿命に与える影響が最も大きいとされています．特に無機ジンクリッチペイントを使用する場合は，ブラスト処理程度がSa 2$\frac{1}{2}$を要求され，除錆度の確認は標準写真と比べて十分に行い，ブラスト後は

直ちに塗装できる体制や設備とすることが重要です．また溶接部やエッジ，スクラップなどの形状が複雑な部分は，処理程度が不十分となりやすいため注意が必要です．

　d) 気象条件

　工場塗装の場合，最近は屋内で塗装されることが多くなっていますが，現地塗装は屋外での作業となります．このため天候に左右されるので余裕をもった工程とすることが重要です．

　・温度，湿度の管理

　　　　常温乾燥型の塗料の場合，温度により硬化速度が大幅に異なります．また低温時(5℃以下)ではほとんどの塗料は硬化せず，付着不良や外観不良などの欠陥を生じるため，施工時期を考慮した計画を作成する必要があります．また高湿度(85%以上)下では，塗膜の付着不良や早期発錆，塗膜のふくれを生じるため塗装はできません．結露の有無は下塗り塗膜など表面凹凸が大きい塗膜の場合は目視で判定できないため，セロハンテープなどを用いて塗膜に付着するかどうかで確かめる方法もあります．

　・湿気硬化型塗料の管理

　　　　空気中の水分と反応する塗料(無機ジンクリッチペイントや湿気硬化型ウレタン)の場合は，塗料乾燥中に湿度がないと(50%以下)硬化反応が進まず，この上に塗り重ねると付着不良を生じます．このため塗装後，地面に散水するなどの処置が必要です．

　e) 塗装作業の管理

　構造物が大面積の場合，工場塗装では塗装速度の早いエアレススプレーが用いられています．スプレー塗装の場合，塗料の種類によりスプレーガンのノズルチップが異なるため，塗料説明書に記載してあるサイズのチップを用います．特に上塗りまで工場でスプレーする全工場塗装が増加していますが，口径の大きいノズルを使用すると，上塗りの場合は，たれなど外観不良を生じやすくなります．また，超厚膜型塗料など特殊な塗料は，塗装機材が指定されている場合がありますので，説明書，仕様書を事前に確認することが必要です．

　f) 塗装間隔

　塗料にはそれぞれ種類により塗装間隔の上限・下限の日数が規定されています．規定をはずれた場合，付着不良や塗膜のちぢみなどを生じるため，工程計画と管理を十分に行うとともに，間隔が長くなった場合は面荒らしや増し塗りなどの処置が必要となります．

g) 塗膜厚の管理

　塗膜厚は防錆性・耐久性に大きく影響するため十分な管理が必要です．塗装作業中はウェット膜厚管理(塗装時，直ちに未乾燥状態で厚さを計る)を行い，また塗装面積から使用量が計算できるため，使用量の管理を行います．エッジ部，ボルト部，コーナー部などは膜厚不足となりやすいため，あらかじめ先行塗りを行うことも重要です．

34 素地調整の種類はどのようなものがありますか？

> 素地調整には使用する道具によって，ブラスト，動力工具，手工具による方法があります．素地調整の程度は多くの場合，標準見本で表示し，各国の規格があります．現在は ISO 規格が広く用いられています．

塗装による防錆効果は，塗膜が鋼材表面に密着していることによって得られるものです．したがって，鋼材表面と塗膜の間にさび，ミルスケール，塩分，劣化塗膜，その他の異物が存在すると，塗膜の防錆効果を期待できないだけでなく，発錆が促進されることもあるので，鋼材表面を清浄にしてから塗装することが必要です．また，塗料は平滑な面よりも適度に粗さがある面によく密着します．このため，素地調整を行い，鋼材表面を清浄にし，適度に粗さをつける作業を行います．表1に示すように，素地調整は使用する工具によって異なり，目的に応じて使い分けることが大切です．

表1 素地調整の種類

素地調整の種類	素地調整方法	表面処理規格		備 考
		ISO	SPSS	
原板の素地調整	ブラスト（原板ブラスト）	Sa 2 1/2	Sh 2 Sd 2	表面粗さを測定することもある．ブラスト後は直ちにプライマーを塗付する．
加工後の部材の素地調整	ブラスト（製品ブラスト）	Sa 2 1/2	Sh 2 Sd 2	下塗り第1層に無機ジンクリッチペイントを用いる場合に適用．
	動力工具	St3	Pt 3	プライマーの損傷部と発錆部に適用．
	手工具	St2	—	下塗り第1層に無機ジンクリッチペイントを用いる場合は適用できない．

(注) SPSS ではブラスト用研掃材の種類に応じ表面処理規格を規定．
　　サンドブラスト：Sd，ショットブラスト：Sh
(出典)「鋼道路橋塗装便覧」[1]

鋼材の素地調整程度を理論的に定めることは難しく，多くの場合標準見本をもって表示しています．国別に SPSS (日本)，ASTM (米国)，DIN (ドイツ)，BS (英国) などの規格がありますが，現在国際的に利用される素地調整の規格に ISO があります．ISO の素地調整方法を表2に示します．ISO 規格では，鋼材のさびの状態を4段階に分けて写真で示しています．また，素地調整程度を管理するための標準写真もあります．表2にISO規格における表面清浄度の目視評価に関する

概要を示します．日本では日本造船研究協会でつくられた塗装前鋼材表面処理基準 (SPSS) が広く用いられています．

表3に各国で使用されている素地調整規格の対比を示します．

表2 ISO 規格 (ISO 8501-1) 表面清浄度の目視評価に関する概要

規格	処理工法	目視および概要
St 2	十分な手工具および動力工具仕上げ	目視で表面に油，グリース，泥土，および弱く付着したミルスケール，さび，塗膜，異物がないこと．
St 3	さらに十分な手工具および動力工具仕上げ	St 2 と同様であるが，鋼素地に金属光沢を呈するまで，より十分な処理を行うこと．
Sa 1	軽いブラスト処理	目視で表面に油，グリース，泥土，および弱く付着したミルスケール，さび，塗膜，異物がないこと．
Sa 2	十分なブラスト処理	目視で表面に油，グリース，泥土，およびほとんどのミルスケール，さび，塗膜，異物がないこと．残存したすべての汚れは固着したものであること．
Sa 2 1/2	さらに十分なブラスト処理	拡大鏡なしで，表面には目に見える油，泥土，およびミルスケール，さび，塗膜，異物がないこと．汚れの残存している痕跡は，斑点あるいは筋状のわずかなシミとしてのみ認められること．
Sa 3	目視上清浄な鋼材を得るためのブラスト処理	拡大鏡なしで，表面には目に見える油，グリース，泥土，およびミルスケール，さび，塗膜，異物がないこと．表面は均一な金属光沢をしていること．

(出典)「橋梁技術者のための塗装ガイドブック」[2]

表3 表面清浄度 (仕上げ等級) に関する各国・各機関の比較

SSPC 呼称名	国際	アメリカ		イギリス	ドイツ	日本
	ISO	SSPC	NACE	BS	DIN	JSRA, SPSS
ホワイトメタル	Sa 3	SP 5	No.1	First	Sa 3	Sd 3, Sh 3
ニアホワイトメタル	Sa 2 1/2	SP 10	No.2	Second	Sa 2 1/2	Sd 2, Sh 2
コマーシャル	Sa 2	SP 6	No.3	Third	Sa 2	Sd 1, Sh 1
ブラッシュオフ	Sa 1	SP 7	No.4	–	Sa 1	Ss
パワーツール	St 3	SP 3	–	–	St 3	Pt 3
ハンドツール	St 2	SP 2	–	–	St 2	Pt 2

(出典)「橋梁技術者のための塗装ガイドブック」[2]

参考資料
1) 日本道路協会：鋼道路橋塗装便覧 (1990)
2) 日本橋梁建設協会：橋梁技術者のための塗装ガイドブック, p.93 (2000)

35 塗装時に下地に塩分が付着していると塗膜の防食性に影響が出ますか？ またその判定はどのように行うのですか？

鋼材や塗膜に塩分が付着していると，塗膜の付着低下の原因となるばかりでなく，発錆を促進し，防食性を著しく低下させます．これは付着塩分が水分を吸収し，塗膜の付着力を低下させるとともに，生じた塩化物イオンが鋼材の腐食を促進するためです．塩分付着量は $100\,\mathrm{mg/m^2}$ 以下としている基準が多く，基準値を超えた場合は水洗などで塩分を除去する必要があります．

(1) 付着塩分測定時のポイント

a) 凹凸の多い塗膜
例えば無機ジンクリッチペイントやMIO塗膜は塩分を拭き取りにくいため，拭き取り回数を増やすなどの処置が必要です．

b) 測定場所
塩分付着しやすい部位を測定します．橋梁などでは外側腹板(ウェブ)など雨風が当たる部分は塩分が流されるため，塩分付着量は少ない傾向があります．しかし下フランジ下面や箱桁下面などは雨で流されないため塩分が蓄積されやすく，また橋脚の周辺部など風が回り込む部分も塩分付着が多いため，このような部位を測定します．

c) 測定時期
塗装直前に測定する必要があります．特に台風などが通過すると多量の塩分が付着するため注意が必要です．

d) 測定値について
塩分測定の結果，$100\,\mathrm{mg/m^2}$ 以上の数値が検出された場合は，周辺部も塩分付着している可能性が高いため，同様の構造・部位の測定数を増やし，塩分除去を行う範囲を決めます．

e) 塩分の除去方法
水洗処理が最も効率よく除去できます．水洗は高圧水洗がよく，ウエスによる水拭きは，水の交換を頻繁に行わないと，かえって塩分を周囲に広げることとなります．水洗できない場合は，電動工具で表層を削り取ると効果がありますが，膜厚減少分は増し塗りの必要があります．除去後は再度，塩分測定を実施し，規定値以下であることを確認してから塗装を開始することが重要です．

(2) 測定方法

塩素イオン検知管を用いて測定する方法が一般的です．拭き取り面積を $50\,cm \times 50\,cm$ となるようにします．幅が狭いフランジ下面などは長さ方向を長くして，面積が $0.25\,m^2$ となるように調整します．

塩素イオン検知管法以外には電導度を測定して塩分濃度を直読する方法もあり，現場で測定できるハンディタイプの測定器が市販されています．

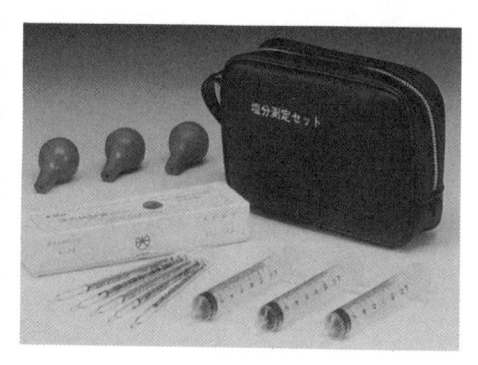

付着塩分量測定方法

1. 試料採取要領
(1) 測定箇所を正確に測り，マスキングテープなどにより仕切る(測定箇所面積は，通常 $0.25\,m^2$)．
(2) 精製水で十分洗浄したビニール手袋あるいはポリエチレン手袋をする．
(3) 精製水で十分洗浄したビーカーに精製水 $100\,ml$ を入れる．
(4) 適当な大きさのガーゼを精製水で湿潤させる．
(5) 前項(4)の湿潤ガーゼで測定箇所面を縦横十分に拭く．このとき，測定面以外に水がたれないよう注意する．
(6) 拭ったガーゼを精製水の入ったビーカーに入れる．
(7) 前項(5)と(6)の操作を 3 回繰り返す．
(8) ビニール手袋を $50\,ml$ の精製水でよく洗い，ビーカーの $100\,ml$ に加える．

2. 塩分の測定方法
(1) ビーカー中の精製水が著しく汚染されている場合はろ過する．汚染が著しくない場合はそのまま測定する．
(2) 塩素イオン検知管(以下検知管という)の両端をヤスリで切り，検知管に付いている目盛り数値の小さい方を下にして，ビーカーの精製水中に入れる．
(3) 液が検知管の上端まで浸透したならば，検知管を引き上げ，変色層(塩素イオンがあれば検知管内に白色の変色層ができる)の先端の目盛りを読み取り，塩素イオン濃度 (ppm) を測定する．
(4) 測定箇所面積 (m^2)，液の体積 (ml)，塩素イオン濃度 $(Cl, ppm=mg/m^3)$ とから付着塩分量 $(NaCl\,mg/m^2)$ を算出する．
　　測定箇所面積が $0.25\,m^2$，液の体積が $150\,ml$，塩素イオン濃度が ppm の場合，塩素イオン濃度の値は付着塩分量の値と同じになる．

参考資料
1) 日本道路協会：鋼道路橋塗装便覧, p.143 (1990)

36 塗装された鋼材の運搬・架設時の注意事項について教えて下さい．

　全工場塗装(ファブリケーターの工場内で上塗りまですべて塗装する方式)が橋梁など大型物件でも増加しています．このため運搬・架設時においては塗膜に損傷を与えない工夫が必要です．また損傷を受けやすい塗装系もあるので，塗装系の選定も必要です．

(1) 塗装系による損傷程度の差異について

橋梁での全工場塗装物件で現地架設後，足場組立完了時に塗膜の損傷程度を調査した例があります．塗装系はA塗装系(鉛系さび止め～フタル酸樹脂塗料)とC塗装系(無機ジンクリッチペイント～エポキシ下塗り～ポリウレタン樹脂上塗り)の2種類で，塗膜損傷箇所の数はA系がC系の3倍あったとされています．また損傷の深さはA系の場合，プライマーまで達しており，C系の場合はエポキシ下塗り層で止まっていました．

(2) 塗膜損傷を最小限にするための注意事項

a) 設計時における注意事項
① 塗膜の硬化が遅れる冬季は，工期が長くなるので避けることが望まれます．塗膜の耐候性が劣る場合，長期保管すると，連結部など工場で塗装した箇所と現地で塗装した箇所とで色相に差がでることがあります．
② 輸送中や現場架設時に傷を付ける可能性があるので，塗膜物性に優れた重防食塗装系を選定することが望まれます．
③ 現地足場用吊り金具の位置を塗膜に傷が付きにくい場所にする等，設計時に架設対策を検討します．
④ 構造形式を部材数が少ない単純桁や箱桁にすることで，架設時の金具等の当たり箇所を少なくすることも検討します．

b) 工場塗装時における注意
① 盤木当たり面は最小とし，継手部分で受けます．
② 運搬までの養生を十分にとり，塗膜の強度を確保してから輸送します．

c) 保管における注意
① 吊り金具を取り付けられない部材は，緩衝材を使用するなどして塗膜の損傷を防ぎます．

② 部材の保管は，雨水・土砂・ほこりがたまらないような勾配をつけ，地上からの土砂の巻き上げを防止します（図1a）．
③ 横桁や横構など各部材を積み上げる場合は，緩衝材（エサホーム）などを入れ，部材同士の直接接触を避けます（図1b）．

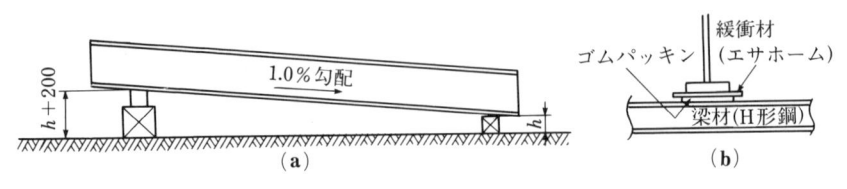

図1 保管[1]

d）輸送・仮置き
① 大型部材は，振動や衝撃によって塗膜が損傷を受けないように安定させて積込み，部材同士や部材と緩衝材とがこすり合わないように固定します．
② ロープで固定する場合は，塗膜が損傷を受けないように緩衝材を入れます．（図2）
③ 降雨時には，桁をシート等で覆い，泥跳ねを防止します．

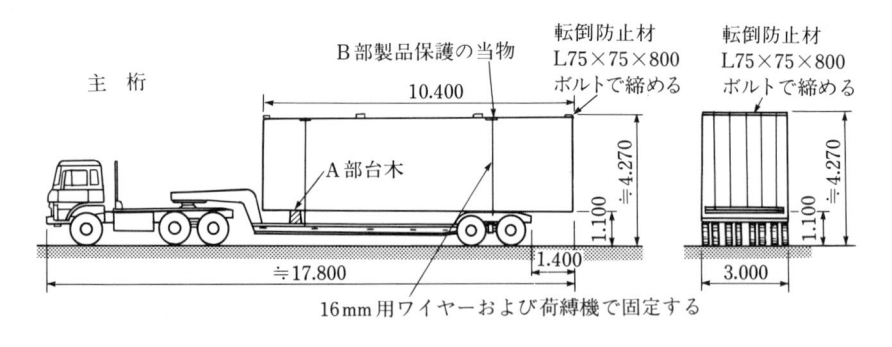

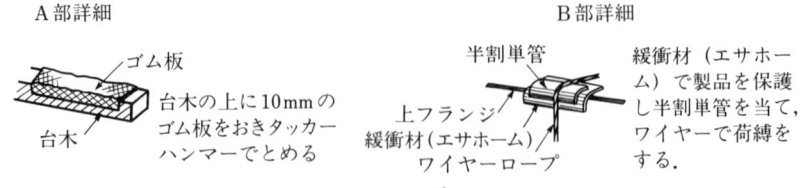

図2 輸送[1]

e) 架設工事 (図3)
① 部材の支持箇所は，現地継手部や無塗装部分とし，塗装面で支持する場合は緩衝材を用いて塗膜を保護します．
② 足場，チェーン，グリップ，バイス，ワイヤー等と部材の接点には，緩衝材 (ビニールホース，ビニールテープ) を入れます．

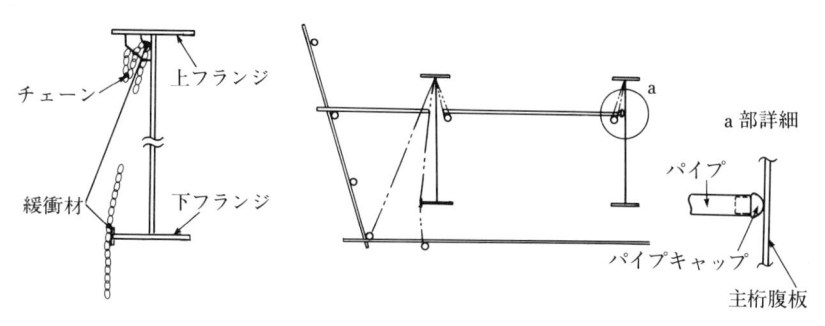

図3 塗装鋼材の架設時の取扱い図例 [1]

参考資料
1) 今泉 安雄, 松村 輝久：第14回鉄構塗装技術討論会発表予稿集, pp.19–24 (1991)

37 塗装費はどれくらいですか？

> 塗装に関する費用は，(財)建設物価調査会発行の建設物価に記載されています．塗料単価を単に比較して塗装系を決定するのではなく，構造物のLCC (Life Cycle Cost) を考慮して塗装系を選択することが重要です．

塗装費は塗装する構造物の形状，素地調整の程度，塗装足場，現地での補修塗装面積などによって異なります．また，構造物の期待耐用年数とその間に塗替え塗装する回数を考慮して，構造物の維持管理に必要なトータルコストで考える必要があります．橋梁のように長期間使用するものでは，重防食塗装系を適用した方が経済的に有利になります．

材料や施工方法が異なった種々の防食方法を一概に経済比較することは，時代による労務費・材料費など変動要因が大きく難しい面がありますが，「鋼道路橋塗装便覧」の一般環境用A塗装系の初期塗装費用を100とし，重防食用C塗装系の経済性を指数で表した経済比較例を図1に示します．

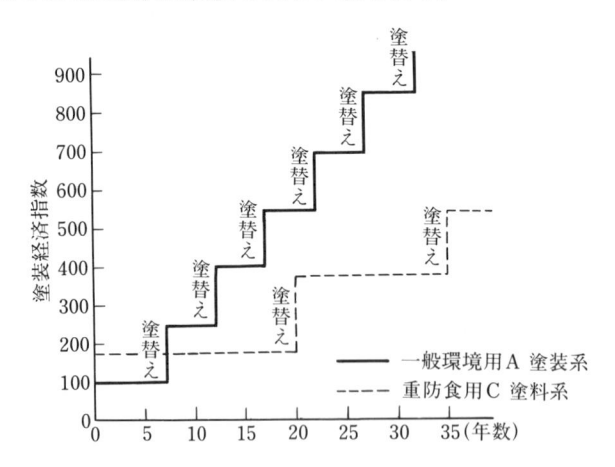

図1 初期塗装費用を100とした場合の各種防食仕様の経済比較

塗料および塗装に関わる単価は(財)建設物価調査会発行の建設物価に記載されています．塗料および施工まで含めた塗装費用は，構造物の形状・規模によって施工に要する時間が異なるため一概に決まりませんが，一般環境用と厳しい環境

用の塗装系 (鋼道路橋塗装便覧 A, C 仕様) の塗装に関わる費用の目安を表 1 に示します．

表 1 代表的な塗装系の経済比較

塗装系		1999 年時点の単価 (円/m^2)	耐用年数
A 塗装系	新設時費用	4 000	7 年
(一般環境用塗装系)	塗替え費用	6 000	5 年
C 塗装系	新設時費用	7 500	20 年
(重防食塗装系)	塗替え費用	7 000	15 年

「鋼道路橋塗装便覧」A 塗装系の初期塗装費は塗料が安いので，C 塗装系と比べて安価になっています．しかし，塗替えは防食性だけでなく美観も重視して行われています．このため，A 塗装系のような耐久性の良くない上塗りを使用する塗装系では塗装後の塗替え周期が短いので補修塗装に関わる費用が大きくなり，1 回目の塗替えを行う 7 年後から A 塗装系のコストが高くなる逆転現象が見られます．初期の塗装費用だけで塗装系を選択するのではなく，長期間のメンテナンス費用を考慮して，重防食塗装系を適用した方が経済的であるといえます．

最近では，構造物の LCC (ライフサイクルコスト) を考慮して，一般環境に設置される鋼構造物であっても，重防食塗装系を適用するケースが増えています．

38 塗膜の劣化機構について教えて下さい．

> 塗膜は一般に有機高分子で構成されているため，化学的劣化と光 (紫外線)，酸素，熱などが複合的に作用して劣化します．

塗料樹脂は一般に有機高分子からなり，塗膜劣化の主要な部分は高分子の劣化によると考えられます．高分子の劣化は大別して，化学的劣化とそれ以外の劣化があります．化学的劣化は，酸アルカリなどの化学薬品，油脂類，水 (海水)，有機溶剤などのいわゆる化学物質による劣化をいいます．化学的劣化以外の劣化は，光，酸素，水，熱，微生物などによる劣化があります．

高分子の劣化はある環境で時間とともに物理化学的変化が進み，その性能や品質を低下させる現象と考えられますが，その原因は単一ではなく，多くの原因が複合的に作用しています．

(1) 化学的劣化

塗膜の化学的劣化は，鋼材の腐食に相当するといわれています．しかし，水溶液中に鋼材を浸漬した場合，鋼材は腐食によりイオンとして鉄を溶出するのに対し，塗膜は水溶液中の水や塩分などの腐食要因の浸入を受ける点で，鋼材の腐食と基本的に異なります．したがって，塗膜の化学的劣化を判定する上で，どのような物質がどのような形態で塗膜中に浸入しているかを知ることが重要です．

塗膜が最も頻繁に接触する環境要因は水ですが，水と塗膜の親和性が良いと，水の浸入によって塗膜構成分子の分子間隔を広げ，塗膜を膨潤します．

さらに水は，塗膜分子の周囲を取り囲む状態 (溶媒和) となり，ひどい場合は塗膜を溶解する場合もあります．塗膜に応力が残留していると，ミクロな分子が局部的に延伸されて，応力方向に変形配列した状態が起こり，マクロな破壊であるクラックにまで発展する場合もあります．

酸やアルカリなどの物質が塗膜に浸入して化学反応すると，塗膜を構成する高分子のエーテル結合 (-O-)，エステル結合 (-COO-)，アミド結合 (-CONH-) が加水分解を起こし，塗膜の膨潤やふくれ，割れを生じる場合があります．したがって，塗料はその用途に応じて使用する高分子を適切に選択し，物質の浸入を抑制し高分子の化学的劣化を最小限に抑える配慮がなされています．

(2) 光 (紫外線) による劣化

　光の波長は短いほどエネルギーが高いことが知られています．すなわち，紫外線のエネルギーは，高分子を形成する各種元素の1次結合エネルギーとほぼ同程度ですので，塗料樹脂の結合を破壊することが可能です．しかし，紫外線による劣化は塗膜表面のみで起こり，塗膜全体が直ちに劣化することはありません．繰り返し紫外線を受けることで，塗膜表面から内部に劣化が進行していきます．この劣化現象は，チョーキング(白亜化)という現象で観察されます．

　例えばエポキシ樹脂塗料はチョーキングしやすいために下塗りに使用され，ポリウレタン樹脂塗料はチョーキングしにくく，ふっ素樹脂塗料はさらにチョーキングしにくいため高耐候性上塗りとして適しているといえます．

(3) 塗膜劣化を測定する方法

　高分子である塗料樹脂が化学的な劣化または光などによる劣化を受けると，さび，ふくれ，割れ，はがれ，変色，白亜化などの塗膜外観変化が現れます．それ以外に，機械的性質の変化や物理的性質の変化が起こることもあります．これら性質の微妙な変化を機器による測定でとらえ，塗膜劣化を診断する手法が広く行われています．

a) 機械的性質の変化

　塗膜が化学的に劣化して化学結合が切断されると，引張強さ，破断，伸び，弾性係数，硬さ，衝撃値などの機械的性質が変化します．このことから，機械的性質を測定することにより劣化の程度を知ることができます．

b) 物理的性質の変化

　塗膜に水などが浸入して塗膜が膨潤したり，素地との界面にさびを生じると，塗膜の電気抵抗，$\tan\delta$，静電容量，インピーダンスなどの電気的性質や，耐熱温度，2次転移点などの熱的性質，光透過率，屈折率などの光学的性質が変化します．特に，電気的性質の変化を測定することで，塗膜の防食性を評価する手法が広く用いられています．

参考資料
1) 日本鋼構造協会 編：重防食塗装の実際 (山海堂, 1990)

39 塗膜寿命に影響する要因は何ですか？

　大きく分けて，素地調整，成膜時の環境条件などの施工上の要因と，成膜後の環境条件からくる要因，例えば紫外線，水分，塩分，酸，アルカリ，熱，あるいは打撃などによる損傷などが塗膜の寿命に影響を及ぼします．

　塗装は構造物では主として現地で施工され，また塗料は硬化して塗膜となってはじめてその機能を発揮するという事情から，施工時の条件が塗膜の寿命に及ぼす影響は極めて大きいのです．また塗膜の主要な構成要素が有機樹脂であるため，設置される環境条件に対する樹脂の耐久性が塗膜の耐久性を左右することになります．以下の表1に劣化因子と塗膜劣化の形態について記します．

表1　塗膜の劣化因子と塗膜劣化の形態

項　　目	劣化因子	塗膜の劣化形態
素地調整	残存さび 残存旧塗膜	剥離，ふくれ
成膜時の環境条件	温度(低温)	硬化不良による塗膜欠陥の発生
		上塗りへのブリード
	水分(雨，高湿度)	変色，硬化不良による塗膜欠陥の発生
	低湿度	無機ジンクリッチペイントの硬化不良による防食性不良
成膜後の環境条件	紫外線	割れ，チョーキング，変色
	水分，塩分，酸，アルカリ	加水分解による塗膜中の樹脂分の分解，吸水膨潤による塗膜劣化，素地鋼材の腐食による塗膜のふくれ，剥離
	熱(特殊環境)	塗膜中樹脂成分の分解による塗膜劣化
	物理的損傷	傷，剥離，サンドエロージョン

40 素地調整は塗膜寿命にどのように影響を与えますか？

> 素地調整は塗膜寿命を左右する最も重要な要因です．

塗膜は被塗物と外気を完全に遮断するものではなく，酸素や水分，その他腐食促進物質をわずかながら透過します．この傾向は被塗物と塗膜間の付着性が劣るほど大きくなります．付着性が良くないと，塗膜を透過してきた水分や酸素などによる電気化学的反応によって，ふくれ，はがれ，さびなどの塗膜劣化が進行します．

特に被塗物と塗膜間にさび層が存在する場合，塗膜の付着阻害を起こすことがあります．また，さび中に残存しているまたは塗膜を透過して入ってくる水分，酸素などの腐食促進物質によって腐食が拡大するため，塗膜にふくれやはがれを起こすことになります．ミルスケールが残存する場合も，素地鋼材との間に生じる電位差のため鋼材の腐食が促進され，塗膜の劣化を生じます．

素地調整は，鋼材表面を清浄にして塗膜の付着性を向上させることを目的として行うもので，次に示す2点が主なものです．

① 被塗面の異物（さび，ミルスケール，油，ほこり，化学物質など）を除去する．
② 付着性を良くするため，被塗物表面に適当な粗さを付ける．

鋼構造物を塗装により防食する場合，防食性能に影響する要因を図1に示します．

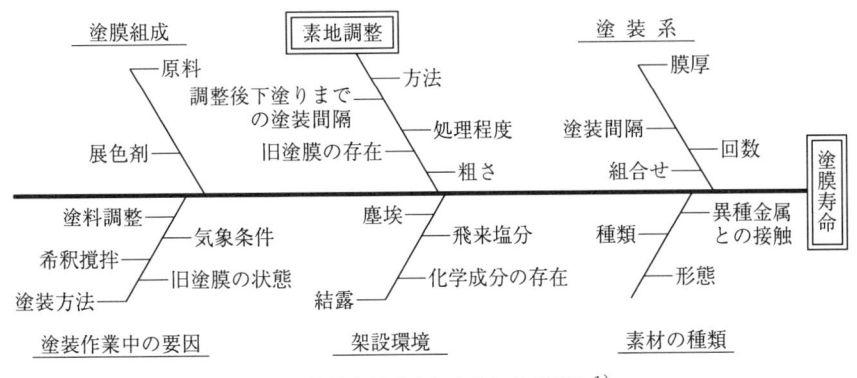

図1 塗膜を長くもたせるための要因[1]

表1に示すように素地調整の差による影響が最も大きいことが知られています．重防食塗装系は一般に，素地調整に対する許容幅が小さくなるので，素地調整の塗膜寿命に対する寄与率はますます大きくなります．特に，最近の重防食塗装系は，ジンクリッチペイントをベースとしており，直接鋼素地と接触することによって，防食効果を発揮するので十分な素地調整が必要です．

表1　各種要因が塗膜寿命に及ぼす影響

要因	寄与率 (%)
素地調整 (1種ケレンと2種ケレンの差)	49.5
塗り回数 (1回塗りと2回塗りの差)	19.1
塗料の種類 (塗料系の違い)	4.9
その他 (塗装技術，気象条件など)	26.5

(出典)「やさしい塗装のはなし」[1]

素地調整の程度と塗料の適性の概念を表2に示します．重防食塗装系の下塗りである無機ジンクリッチペイントは，入念な素地調整が必要ですが，それによって無機ジンクリッチペイントのもつ優れた防食性を発揮することができます．一方，さび落としが不十分な面にも適用できる油性系さび止めペイントは，長期防錆性の観点から不十分であるといえます．浸透性に優れた変性エポキシ樹脂塗料 (さび面塗料といわれています) は，低素地調整面適性と長期防錆性を両立した塗料で，最近では塗替えなどに広く使用されています．

表2　各種塗料の低素地調整面適性と防錆性

塗料の種類	低素地調整面適性	防錆性
JISさび止め1種 (30 μm)	○	△
JISさび止め2種 (30 μm)	○	△
無機ジンクリッチペイント (75 μm)	×	◎
エポキシ樹脂塗料 (60 μm)	△	○
変性エポキシ樹脂塗料 (60 μm)	○	○

(備考) ◎：優，○：良，△：可，×：不良
(出典)「やさしい塗装のはなし」[1]

参考資料
1) 関西鋼構造物塗装研究会：やさしい塗装のはなし, pp.105–106 (1994)

41 塗膜の寿命はどのようにして決まるのですか？

　一般に塗膜寿命は，塗膜の異常を目視や計器により調査して総合的に判断されます．塗膜寿命が尽きる前に塗替えを行うのが経済的で，塗替え時期を塗膜寿命として，各公団などで独自の基準を設定しています．

　鋼構造物の塗装の維持管理は適切な塗替え塗装を行うことにより，塗膜の健全性を維持することです．塗膜性能を維持するには，塗膜が著しく劣化しないうちに塗り替えることが重要で経済的でもあります．塗膜は大気中に暴露されると，年月の経過とともに防錆性能や光沢保持性が徐々に失われます．塗膜の劣化は変退色に始まり，ふくれ，割れ，はがれなどを生じ，さびの発生につながります．

　一般に塗膜寿命はこれらの塗膜異常を目視や計器により調査して総合的に判断されます．また，塗替えは塗膜寿命が尽きる以前に行うのが経済的です．そのため，鋼構造物を管理する各公団などで独自の基準を設定して，それに準拠して塗膜調査を行い塗替え時期を判定しています．

　塗膜調査項目は，さび，ふくれ，割れ，はがれ，変退色を目視で評価して，各基準に基づき点数化して塗替えの判断を行っています．また，最近では土木研究所が中心となって，塗膜調査後の塗替え判定をコンピューターにより行うCOMSシステムを開発し，従来専門の技術者が判断していた内容を未経験者でも行えるようになっています．

　表1に，従来から実施されている塗替え時期の判定の例として，本州四国連絡橋公団の評価基準を示します．ここでは，定期的に行う「巡回点検」と，そのときに異常が発見された場合に行う「基本点検と精密点検」を示しています．

表1　本州四国連絡橋公団の評価基準

(a) 巡回点検

点検項目 \ 点検結果の判定	A	B	C	D
さび，はがれ，ひび割れ，ふくれ	—	・部材全体にさび，はがれ，ひび割れが発生している．	・局部的にさび，はがれ，ひび割れが発生している．	異常なし
漏水，滞水	—	・漏水により，主構造部材に広く腐食が発生している． ・箱桁内に滞水があり，広く腐食している．	・漏水により，部材が局部的に腐食している． ・箱桁内に滞水があり，局部的に腐食している．	異常なし

(b) 基本点検, 精密点検

合計評点の平均 (点)	状　　況	総合評点	塗替えの判断
70 以上	塗膜面にさび, ひび割れ, はがれが発生し, 塗膜効果が失効している.	I	緊急な塗替えが必要 (全面塗替え)
40～70 未満	点さびが多く発生し, ひび割れ, さび, はがれが部分的に発生しているが, 一部活膜も残っている.	II	早急な塗替えが必要 (全面塗替え)
20～40 未満	塗膜にはほとんどさびはないが, 光沢減退, チョーキングが著しく, 上塗り塗膜が消失している部分もある.	III	適時の塗替えが必要 (塗替え方法を検討)
20 未満	塗膜にはほとんど異常がない.	IV	点検・調査を継続 (局部塗替えを検討)

(出典)「一般塗替塗装要領」[1]

参考資料
1) 本州四国連絡橋公団：一般塗替塗装要領, pp.9, 16 (1997)

42 色相によって耐候性に差が出ますか？

　色によって使用している着色顔料が異なるので，耐候性に差があります．そのため，上塗りに用いる着色顔料を規定している官公庁もあります．また，(財) 高速道路調査会「鋼橋の色彩計画」では，無限にある色の中から基本橋梁色を提案しています．

　社会資本の整備が進むとともに，土木構造物も周辺景観との調和が求められるようになり，構造物の塗装も塗装直後の光沢や色調を長く維持して美しい状態に保つことが望まれるようになってきました．従来から構造物の塗装に広く使用されてきたフタル酸樹脂塗料や塩化ゴム系塗料に比べて，光沢や色調を長期間維持し，塗替え周期を長くでき維持管理費も低減できる，耐候性に優れたポリウレタン樹脂塗料やふっ素樹脂塗料が塗装されるようになっています．樹脂の耐久性と着色顔料の選定が，上塗りの耐候性を左右する大きな要因になっています．

　阪神高速道路公団では，工区の境で変退色の傾向が異なり美観上に問題を起こさないようにするため，表1に示すように上塗りの着色顔料の種類を規定しています．

表1　阪神高速道路公団で規定されている着色顔料の種類と系統

顔料の種類	顔料の系統
白色顔料	ルチル型チタン白
黄色顔料	黄色酸化鉄
青色顔料	フタロシアニンブルー
緑色顔料	フタロシアニングリーン
黒色顔料	カーボンブラック
茶色顔料	ベンガラ
赤色顔料	キナクリドン系赤，モリブデートオレンジ

(出典) 守屋 [1]

　土木研究所では，鋼道路橋に広く使用されているフタル酸樹脂，塩化ゴム系樹脂，ポリウレタン樹脂，シリコンアルキド樹脂，アクリルシリコン樹脂，ふっ素樹脂の6種類の樹脂を用いて9色の耐候性を調査するため，暴露試験を行っています．着色顔料を100%使用した濃彩色と，着色顔料をチタン白で希釈した淡彩色で各樹脂と顔料の耐候性を評価しています．フタル酸樹脂，ポリウレタン樹脂，ふっ素樹脂塗料上塗りの主な暴露試験結果を表2に示します．

表2　色調保持性の評価

色 / 樹脂系		フタル酸樹脂 1年	3年	5年	8年	ポリウレタン樹脂 1年	3年	5年	8年	ふっ素樹脂 1年	3年	5年	8年
白		△	△	△	×	△	△	△	△	△	△	△	△
グレー		△	△	△	×	○	○	○	○	○	○	○	○
赤色	濃彩	×	×	×	×	△	×	×	×	△	△	×	×
赤色	淡彩	×	×	×	×	△	×	×	×	△	×	×	×
黄色	濃彩	×	×	×	×	×	×	×	×	×	×	×	×
黄色	淡彩	×	×	×	×	×	×	×	×	×	×	×	×
青色	濃彩	×	×	×	×	△	△	△	×	△	△	×	×
青色	淡彩	×	×	×	×	△	△	△	×	△	△	×	×
緑色	濃彩	△	△	△	×	△	△	△	×	△	△	△	△
緑色	淡彩	△	△	△	×	△	△	△	×	△	△	△	△
赤さび色	濃彩	△	△	△	△	△	△	△	△	△	△	△	△
赤さび色	淡彩	△	△	△	△	△	△	△	△	○	○	○	△
黄褐色	濃彩	×	×	×	×	△	△	△	△	△	△	△	△
黄褐色	淡彩	△	△	×	×	△	△	△	△	△	△	△	△
オレンジ色	濃彩	×	×	×	×	×	×	×	×	×	×	×	×
オレンジ色	淡彩	×	×	×	×	△	△	△	△	△	△	△	△

(備考) ○：良好, △：ほぼ良好, ×：不良
(出典) 守屋 [1]

　樹脂の種類に関係なく赤と黄色の色調変化が最も大きい結果ですが，暴露は南向きに30°に傾斜して試験しているので，実際の構造物よりも厳しい条件で行われています．

　本試験結果をもとに塗料メーカーが耐候性に優れた顔料を選定するとともに，変退色しにくい色彩を選定することにより，現在では実際の橋梁における変退色は目立たなくなっています．

参考資料
1) 守屋　進：暴露試験による塗料の退色性評価，土木技術資料 38-2 (1996)

43 ポリエチレンとウレタンエラストマーの有機ライニングについて教えて下さい．

> 両者ともに海洋環境において長期にわたって鋼材を防食できる材料特性を有しています．特に腐食環境を遮断する防食性に加えて，施工時の傷等の機械的損傷と耐候性を配慮したライニングが用いられています．

製造方法では，ポリエチレンが成形シートを鋼材に接着するのに対してウレタンエラストマーは2液混合した材料を鋼材に塗布する点が異なっています．

ポリエチレンライニングには粘着型と接着型の2種類があります．粘着型は下地処理した鋼材表面にアスファルト系などの粘着剤を介してポリエチレンを貼り付けるライニング法です．接着強度は低いのですが，現地で鋼材を溶接して加工する場合に容易にライニング層をはく(剥)離できる利点があります．このライニングは土中の埋設管の防食などによく使われます．

一方，海洋のような厳しい腐食環境には，接着型の被覆が用いられます．ポリエチレンの表面は不活性であり，接着性に劣るために，前処理として特殊な表面処理をします．その上に極性基を入れて接着性を高めたポリエチレン層を介してポリエチレンをライニングします．接着型は，ポリエチレンと接着層間が共有結合で構成されていますので，その接着強度が高く，現在は接着型が工場生産に用いられています．

ウレタンエラストマーは，無溶剤型ポリウレタン樹脂塗料を2液混合型(エアレスタイプ)塗装機により吹き付けられます．以下に両者を対比しながら，材料の特性，製造方法について説明します．

(1) 材料特性について

ポリエチレンとウレタンエラストマーのそれぞれの特性を表1に示します．防食性能に影響を及ぼす因子について以下に説明します．

a) 環境遮断性

防食性能に影響を及ぼす酸素や水の透過を阻止する環境遮断力について，どちらも従来の一般塗装に比べて十分に大きい値をもっています．

b) 硬さ

施工時の傷付きにくさの目安となります．ライニングの「硬さ」をデュロメーターD硬さ計(押込み硬さ相当)で測定すると，測定値(HDD：Type D Durometer

Hardness) はそれぞれ< 40 >と< 50 >であり，打設時の摩擦，石・砂利等の押しつけによるライニングのへこみや傷付きについてはタール系材料に比べて優れています．

c) 耐候性

ポリエチレンについては，紫外線劣化防止のためにカーボンブラックを樹脂に混ぜ，耐候性を向上させています．

以上のようにライニングの特性についてはポリエチレンとウレタンエラストマーとは若干異なりますが，両系ともに防食性能および施工性は十分実用に耐えられる重防食です．

表1 有機ライニングの材料特性

項 目	特 性 値	
	ポリエチレン	ウレタンエラストマー
密 度	$\geq 0.915\,\mathrm{g/cm^3}$	$\geq 1.0\,\mathrm{g/cm^3}$
引 張 強 度	$\geq 1.18\,\mathrm{kN/cm^2}$	$\geq 785\,\mathrm{N/cm^2}$
伸 び	$\geq 300\%$	$\geq 30\%$
硬 さ	$\geq$ HDD 40[*2]	$\geq$ HDD 50[*2]
軟 化 点	$\geq 85\,°\mathrm{C}$	—
吸 水 率	$\leq 0.1\%$	$\leq 0.35\%$
接 着 力 [*1]	$\geq 35\,\mathrm{N/10\,mm}$	$\geq 295\,\mathrm{N/cm^2}$
体 積 抵 抗 率	$\geq 1.0 \times 10^{12}\,\Omega\cdot\mathrm{cm}$	$\geq 1.0 \times 10^{12}\,\Omega\cdot\mathrm{cm}$
カーボン含有量	$1.5 \sim 3.0\%$	

(注) *1 接着力の測定は，ポリエチレンでは引張付着(ピール強度)測定法を用いるのに対して，ウレタンエラストマーではアドヒージョン(プルトップ力)測定法を用います．したがって測定値の単位表示が異なります．この項の数値は「防食ハンドブック」[1]から引用しました．
*2 HDD は押込み硬さを測る D 型デュロメーターで求める．

(2) 製造方法

a) ポリエチレン

ポリエチレンライニングは，接着剤を片面に塗布したシート状のものを取り付ける方法か，円筒状あるいはシート状に押し出しながら貼り付ける方法が取られます．製造方法のフローおよび製品の被覆構成の例をそれぞれ図1および図2に示します．

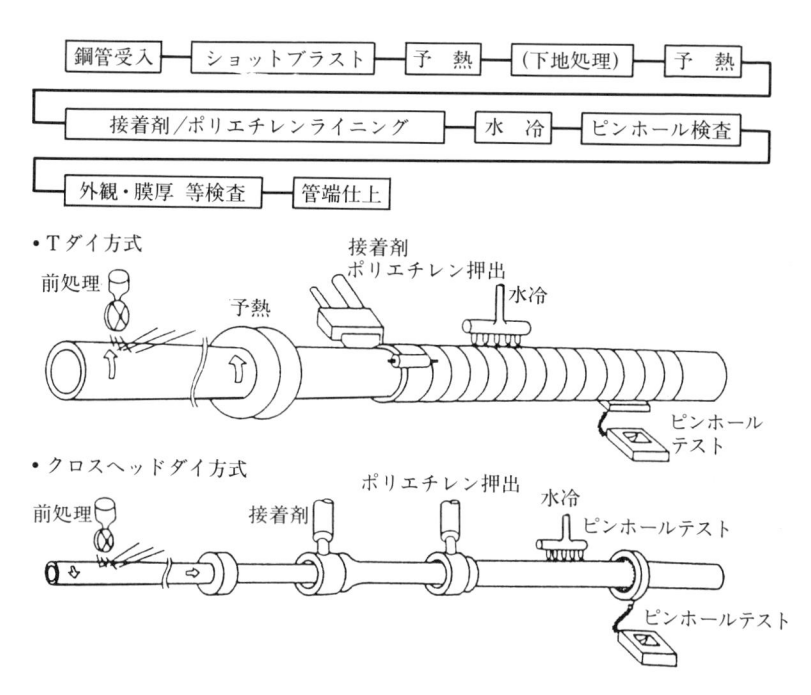

図1 ポリエチレンライニング鋼管の製造方法（「土木構造物の腐食・防食 Q & A」[2]）

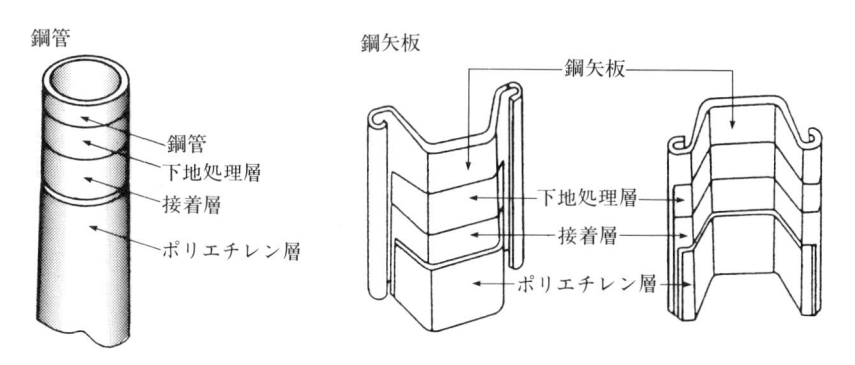

図2 ポリエチレンライニング製品の被覆構成（「土木構造物の腐食・防食 Q & A」[2]）

b) ウレタンエラストマーライニングは，主剤と硬化剤を別々のポンプで圧送して，2つの液を混合攪拌しながら前処理済みの鋼材表面に吹き付け塗布します．製造の例および被覆構成をそれぞれ図3と図4に示します．

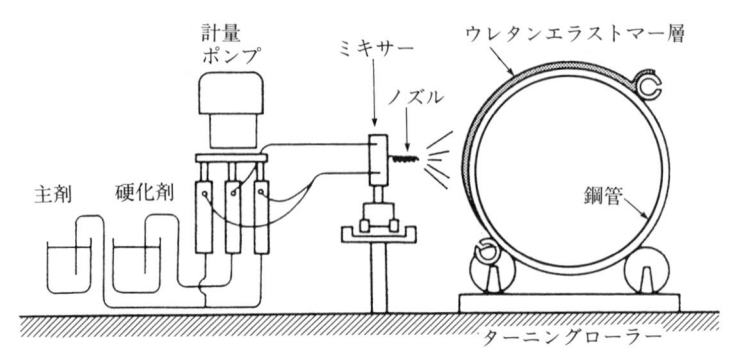

図3 ウレタンエラストマーライニング鋼管の製造方法(「土木構造物の腐食・防食 Q & A」[2])

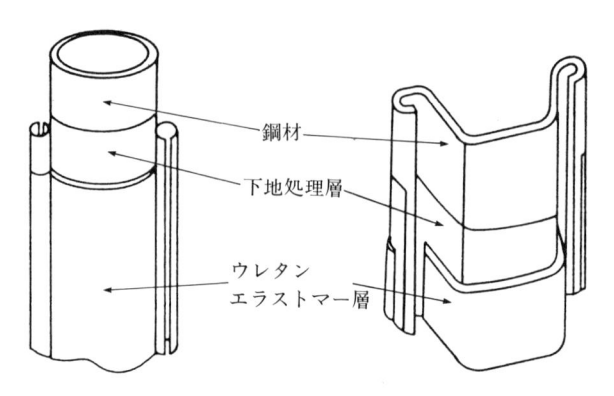

図4 ウレタンエラストマーライニング製品の被覆構成(「土木構造物の腐食・防食 Q & A」[2])

参考資料
1) 鋼管杭協会:防食ハンドブック, pp.2–23 (1999)
2) 鋼材倶楽部:土木構造物の腐食・防食 Q & A, pp.116–121 (1992)

44 ペトロラタムライニング工法の特徴と適用例を教えて下さい．

　ペトロラタムライニング工法とは，ペトロラタムを主成分とするペトロラタム系防食材料により鋼材を被覆する防食法です．被覆した防食材を波浪や漂流物の衝突などの外力から守るとともに，さらに腐食環境から遮断して耐久性を増すために保護カバーを取り付けます．また保護カバーの下に発泡材などの緩衝材を入れて保護層とすることもあります．
　この工法は新設，既設を問わず，すべての港湾鋼構造物の防食に適用でき，水中での施工も可能です．また素地調整が比較的簡単に済ませられ，養生期間は必要ありません．

　ペトロラタムは減圧蒸留残渣油から分離精製した常温において半固形状のワックスです (JIS K 2335)．これはペトロラタム系の防食テープや防食ペーストなどの原料として多用されています．
　この工法は新設はもちろんのこと既設の港湾鋼構造物にも適用できる防食工法として開発され，多くの実績をもっています．本工法の特徴を以下に列記します．
① 干満帯や海中部でも施工できます．
② 防食性・耐久性に優れています．
③ 簡単な素地調整ですみます．
④ 施工後の養生の必要がありません．
⑤ 補修や更新が容易です．
⑥ 材料が軽量のために，被防食構造物への重量負担が軽減されます．
⑦ 海水中に溶出する成分や揮発性成分を含まない材料なので，環境汚染の心配はありません．

　この工法は港湾鋼構造物の海上部，干満帯，それに海水中の防食に適用できます．この工法が適用できる鋼材は，海洋構造物に使用される鋼材すべてにわたります．表1にペトロラタムライニングの構成，施工方法，事例を各鋼材別に示しました．

参考資料
1) 沿岸開発技術研究センター：港湾構造物 防食・補修マニュアル (1997)
2) 防食・補修工法研究会：港湾構造物—調査診断・防食・補修工法 [実務ハンドブック] (1999)

【3. 重防食】3.1 有機系

表1　ペトロラタム

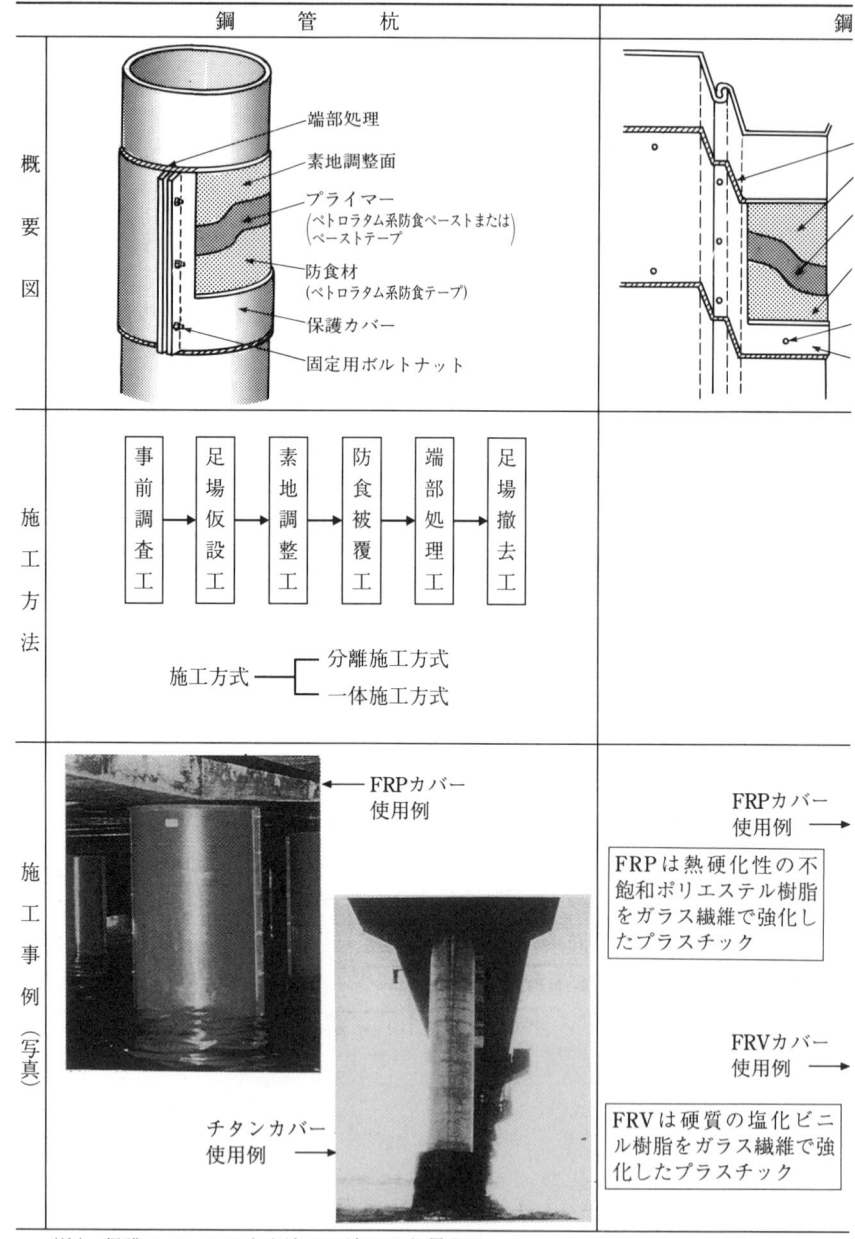

	鋼　管　杭	鋼
概要図	端部処理／素地調整面／プライマー（ペトロラタム系防食ペーストまたはペーストテープ）／防食材（ペトロラタム系防食テープ）／保護カバー／固定用ボルトナット	
施工方法	事前調査工 → 足場仮設工 → 素地調整工 → 防食被覆工 → 端部処理工 → 足場撤去工 施工方式 ─┬─ 分離施工方式 　　　　　└─ 一体施工方式	
施工事例（写真）	FRPカバー使用例／チタンカバー使用例	FRPカバー使用例 → FRPは熱硬化性の不飽和ポリエステル樹脂をガラス繊維で強化したプラスチック FRVカバー使用例 → FRVは硬質の塩化ビニル樹脂をガラス繊維で強化したプラスチック

（注）保護カバーの固定方法は工法により異なる．

ライニング工法の概要

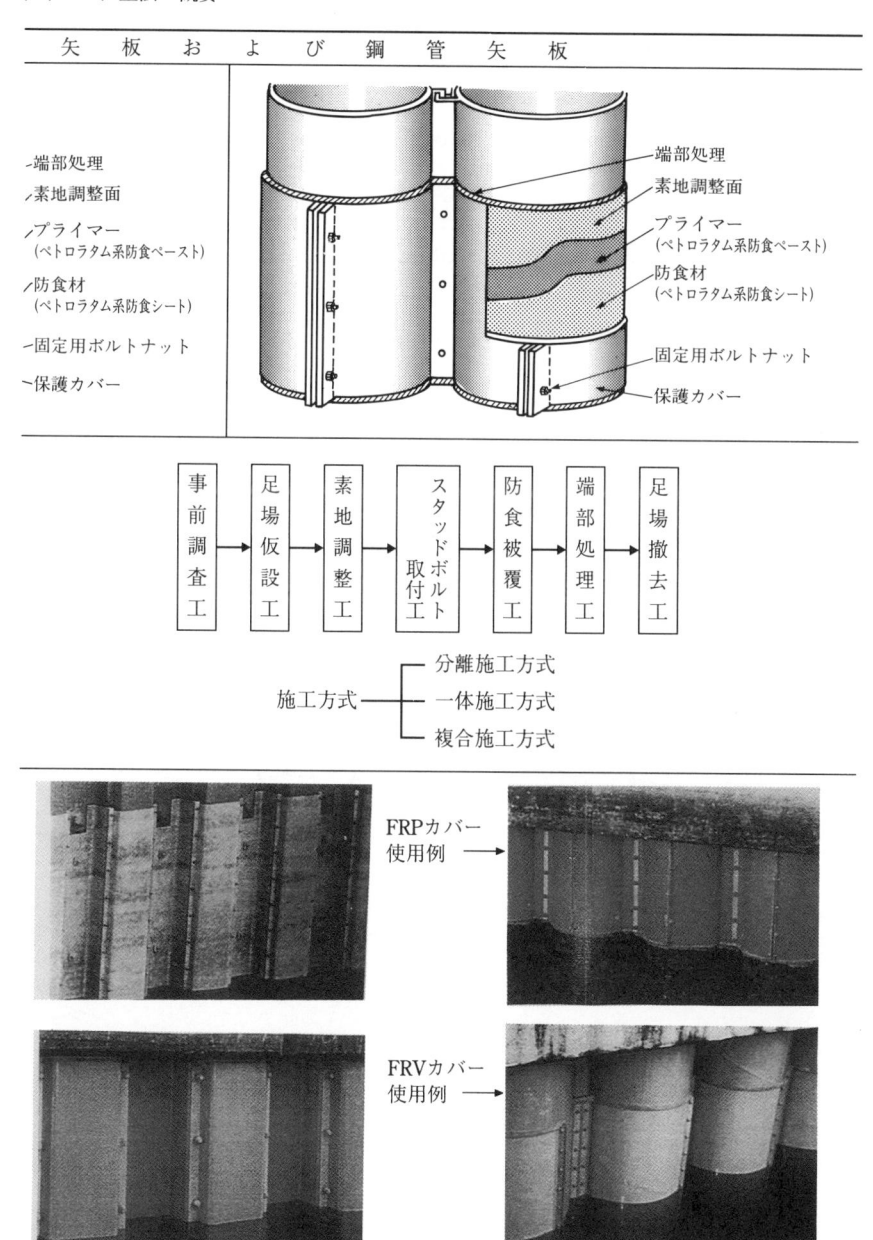

矢板および鋼管矢板
端部処理 / 素地調整面 / プライマー（ペトロラタム系防食ペースト）/ 防食材（ペトロラタム系防食シート）/ 固定用ボルトナット / 保護カバー

事前調査工 → 足場仮設工 → 素地調整工 → スタッドボルト取付工 → 防食被覆工 → 端部処理工 → 足場撤去工

施工方式 ─┬─ 分離施工方式
　　　　　├─ 一体施工方式
　　　　　└─ 複合施工方式

FRPカバー使用例

FRVカバー使用例

45 重防食被覆製品の鋼矢板や鋼管矢板の継手部の防食にはどのような方法がありますか？

　重防食被覆を施した鋼矢板や鋼管矢板の継手部の腐食は軽微です．したがって継手部の防食対策は規定されていません．

　工場で生産される重防食被覆製品の継手部には防食を目的に，図1(鋼矢板)および図2(鋼管矢板)に示したように，厚膜の防食被覆が施されています．
　これらの継手部の防食仕様は，以下の実情を考慮して決められました．
(1) 鋼矢板の場合
　過去に敷設された無防食の鋼矢板の継手部を調査した結果，継手部の腐食は継手強度を損なわない程度に軽微であり，防食する必要がないことがわかっています[1]．

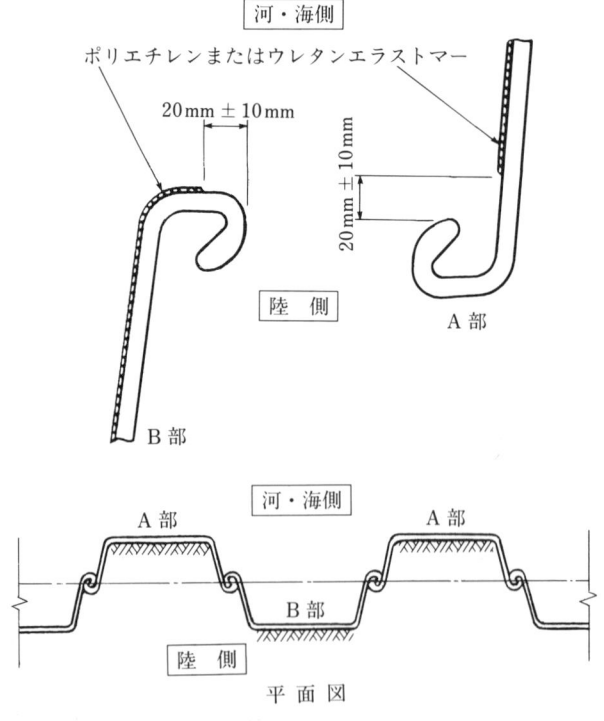

図1　鋼矢板継手部周辺の被覆範囲（「土木構造物の腐食・防食 Q＆A」[6]）

(2) 鋼管矢板の場合

鋼管矢板の継手部材は，連続壁として背面土砂の流出を防止するのが重要な機能であり，強度部材としては設計していません．一方，鋼矢板と同じように，鋼管矢板壁においても海に面した凸部 (母管部) に比べて凹部 (継手部) は腐食の進行が遅い傾向にあります．

したがって，継手部の防食被覆には膜厚は規定されていません．

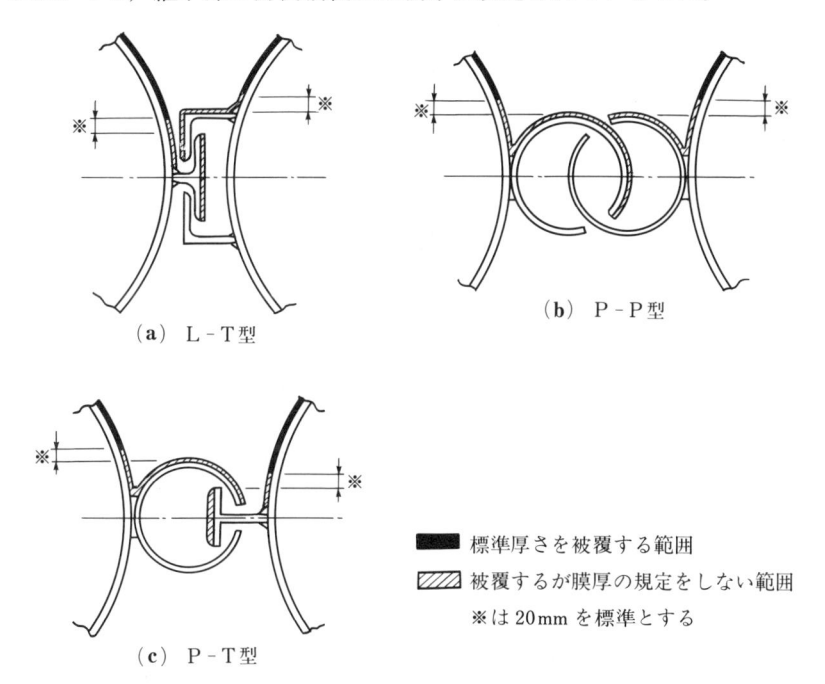

(a) L‐T型

(b) P‐P型

(c) P‐T型

■ 標準厚さを被覆する範囲
▨ 被覆するが膜厚の規定をしない範囲
※は 20mm を標準とする

図 2　鋼管矢板継手部周辺の被覆範囲（「土木構造物の腐食・防食 Q & A」[6]）

参考資料
1) 腐食防食協会：第 32 回腐食防食討論会予稿集，p.370 (1986)
2) 鋼管杭協会：重防食鋼管杭・鋼管矢板の施工の手引 (1990)
3) 鋼矢板技術委員会：重防食鋼矢板の施工の手引 (1990)
4) 沿岸開発技術研究センター：港湾鋼構造物防食・補修マニュアル (1998)
5) 鋼管杭協会：重防食鋼管杭・鋼管矢板製品仕様書 (1988)
6) 鋼材倶楽部：土木構造物の腐食・防食 Q & A, pp.113–114 (1992)

46 重防食被覆を施した鋼管杭および鋼管矢板と鋼矢板では被覆厚さが違うのはどうしてですか？

> 被覆層の厚みは当該製品の輸送や施工時の段階で生じる傷の深さをも考慮して決められています．製品重量はサイズと形状によって異なるので，鋼管矢板と鋼矢板ではそれぞれの被覆層の厚みが異なってくるのです．

重防食被覆製品の被覆層の厚みは，防食に必要な膜厚と輸送中やハンドリング時などに生じる傷の深さを考慮して，JIS G 3469-1986「ポリエチレン被覆鋼管」[3]にある被覆厚さの規定を参考にして決められています．

このJISでは素材鋼管の呼び径によって被覆の厚さ規定が異なっています．呼び径200～1 000 mmでは膜厚2.0 mm以上，1 000～2 000 mmでは2.5 mm以上となっています．素材鋼管の1本当たりの重量の違いによって生じる傷の深さが異なるために，その傷の深さに対応した膜厚が定められているのです．

一方，鋼矢板の場合には，鋼矢板1枚当たりの重量が鋼管の呼び径200～1 000 mmにほぼ相当します．また鋼管杭・鋼管矢板1本と鋼矢板1枚の重量を比較すると，一般に鋼管杭・鋼管矢板の方が重いため，それらを考慮して，表1に示すように，鋼管杭・鋼管矢板の防食被覆膜厚が鋼矢板よりも厚くなるのです．

表1 被覆膜厚の規定

種　類	被覆の厚さ
鋼管杭・鋼管矢板	≥ 2.5 mm
鋼　矢　板	≥ 2.0 mm

(出典)「土木構造物の腐食・防食 Q & A」[4]

ウレタンエラストマー被覆についてはJISに該当する規定がありません．

しかし，被覆材の特性，用途ともにポリエチレン被覆に類似しているので，被覆厚さはポリエチレン被覆と同様に規定されています．

参考資料
1) 鋼管杭協会「重防食鋼管杭・重防食鋼管矢板製品仕様書」(1990)
2) 鋼矢板技術研究委員会：重防食鋼矢板製品仕様書 (1990)
3) JIS G 3469-1986「ポリエチレン被覆鋼管」
4) 鋼材俱楽部：土木構造物の腐食・防食 Q & A, p.120 (1992)

47 重防食被覆製品の外観はなぜ黒色なのですか？ 黒色以外の製品はないのですか？

> 重防食被覆に用いられているポリエチレンやウレタンエラストマーは，太陽光，特に紫外線により，変退色したり機械的特性が劣化します．このような劣化防止のためにカーボンブラックを添加するので，その外観は黒色を呈します．しかし，景観性をもつ重防食被覆の要望が土木分野でも高まり，現在では着色顔料と劣化防止剤を適量添加することによって，各種の着色・色調をもったカラー重防食被覆製品が製造されています．

重防食被覆鋼材の開発では，被覆材の耐候性を高める目的でカーボンブラックが用いられたために外観が黒色になっているのです．

当初この製品は港湾設備や係船構造物に対して採用されていました．その後，河川護岸や道路分野にも採用されるようになりました．近年土木分野でも使用される材料が自然環境との調和や修景性などを備えることが重視され，重防食被覆製品にも景観性が要求されるようになりました．

この要望に応えるために，土木研究所と鋼材倶楽部が共同研究を行いました．既存材料を基準にして，①屋外暴露試験による被覆材の耐久性(耐候性)に及ぼす着色材料と劣化防止剤の添加効果，②耐久性評価のための各種室内促進試験法の実施，についての研究，が行われました．その結果，

a) 耐久性に優れた着色顔料の選定
b) 景観設計の手順の確立

が指針(案)としてまとめられました．

この指針(案)をもとに，用途に合わせた景観性(グラフィックシミュレーションによる推奨カラーの選定)のある重防食被覆製品が開発されました．

現在推奨されている色調はポリエチレン系で「ダーク系」「ビビッド系」，ウレタンエラストマー系で「ディープ系」「ダーク系」が挙げられています．

参考資料
1) 片脇 清士，西崎 到，中村 知道：防錆管理, Vol.39, No.10, pp.345-349 (1995)
2) 建設省土木研究所，鋼材倶楽部：土木鋼材用重防食被覆材料の利用技術に関する共同研究報告書(II)—景観に配慮した重防食被覆鋼矢板，鋼管矢板の利用技術指針(案) (1995)

Coffee Break 6　超厚膜型塗料

塗料と有機ライニングの中間に位置する防食材料で，膜厚が数百 μm を超えるようなもので，スプレー塗装，ローラー塗装が可能であり，塗装作業としては塗料に準じた取扱いができるものを超厚膜型塗料といっています．

超厚膜型塗料としては，超厚膜型エポキシ樹脂塗料，超厚膜型ポリウレタン樹脂塗料，またビニルエステル，ポリエステル，エポキシ各樹脂にガラスフレークを充填したもの，それにウレタンマスチックなどがあります．新設構造物に対しては飛沫帯，干満帯，海中部いずれの部位にも適用されます．この塗料の適用例を表1に示しました．表中のRとSがこれに当たります．

表1　空港連絡橋における鋼下部構造の干満帯の塗装仕様

工程		塗装系 R	塗装系 S	塗装系 T	塗装系 U
	1次素地調整	原板ブラスト			
		無機ジンクリッチプライマー 20（200）			
	2次素地調整	製品ブラスト		—	—
工場塗装	第1層	厚膜型無機（またはエポキシ）ジンクリッチペイント 75（700）	エポキシジンクリッチプライマー 20（200）	鉄筋コンクリート 200 mm	ペトロラタムペースト（400）
	塗装間隔	2日～1月	1日～3月		
	第2層	専用プライマー	超厚膜型エポキシ塗料 2 500（6 000）（1～2回塗り）	犠牲鋼板 28 mm（最大）	ペトロラタムシートまたはテープ 2 mm
	塗装間隔		1日～3月		
	第3層	ガラスフレーク塗料 500（1 300）		厚膜型無機（またはエポキシ）ジンクリッチペイント 75（700）	FRP 保護カバー 5 mm
	塗装間隔	1～7日			
	第4層	ガラスフレーク塗料 500（1 300）		塗装系 R または塗装系 S	
	塗装間隔				
	第5層			塗装系 R または塗装系 S	

(出典)「空港連絡橋の鋼構造物の防錆防食指針（案）」[1]

参考資料
1) 関西国際空港（株），土木研究センター：空港連絡橋の鋼構造物の防錆防食指針（案）(1986)，p.124

48 重防食被覆の耐久性はどの程度でしょうか？

被覆層自体の耐久性を調査する目的で 11 年から 22 年にわたる実海域での暴露試験の結果から，被覆層が長期にわたり高い性能を維持していることが実証されています．

土木研究所と鋼管杭協会や鋼材倶楽部が共同で千葉沖 (11 年暴露) や阿字ヶ浦沖 (22 年暴露) および駿河湾沖 (15 年経過) でポリエチレンライニングを含む各種防食仕様の鋼管杭あるいは試験片が暴露試験されてきました．その結果，ポリエチレンライニング鋼管杭は防食層の外観および物性が暴露初期とほとんど変わらなく，他の防食仕様製品と比較して最上位の評価を得ています．

また室内試験においても，被覆層の紫外線による劣化程度を評価する耐候性試験，実際の使用温度での被覆層の機械的な耐力を推定する耐熱試験などの各種室内試験が実施されました．図1には，ポリエチレンについての促進耐候性試験結果の一例が示されています．試験期間 8 000 時間 (自然暴露 40 年程度の紫外線照射に相当) においても，カーボンブラックを適量配合することにより，ほぼ初期の伸び率を保持していることから，紫外線に対して防食層が長期の耐久性を保持していることがわかります．また，図2に，ウレタンエラストマーについての高温劣化促進試験による寿命推定の一例が示されています．この結果によると，実環

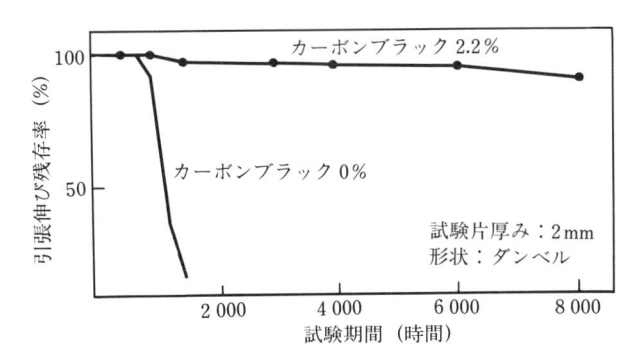

(注) 伸び残存率とは初期値の伸びを 100％とし，以後
測定した伸びの値を百分率で表したもの．
図1 ポリエチレンの耐候性試験結果 (サンシャインウェザーメーター試験)
(「土木構造物の腐食・防食 Q & A」[4])

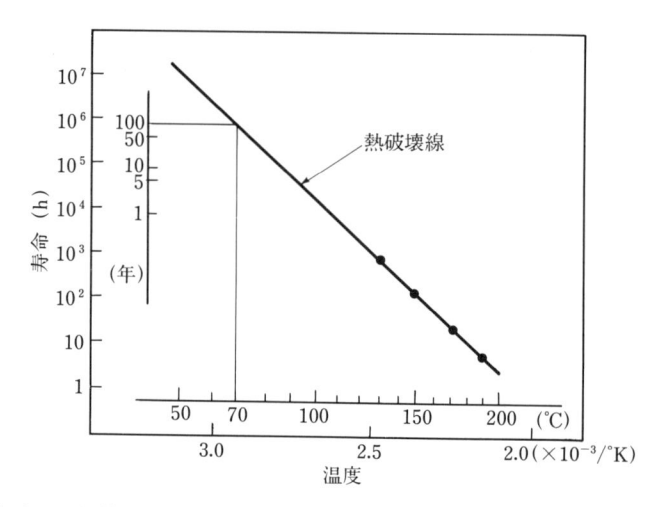

(注) ねじり振動試験により求められた熱破壊時間は，絶対温度の逆数と線形関係にあります．実使用温度における塗膜の寿命を推定することができます．
図2　ウレタンエラストマーの高温劣化促進試験による寿命推定
（「土木構造物の腐食・防食 Q & A」[4]）

境以上と考えられる 70℃においても 50 年以上の寿命が期待できることがわかります．

このように，被覆層自体は十分な耐久性を有しています．今後とも室内促進試験と実地暴露試験環境の相関性を見いだすことが望まれます．

またポリエチレンやポリウレタンエラストマーなどの有機系防食材料は，建設時や使用中に鋼表面に達するような傷を受けることがあります．この場合，できるだけ速やかに損傷箇所に適切な補修や補強を施す必要があります．このような処置によって被覆層の耐久性が長期間維持されることにつながります．

参考資料
1) 鋼管杭協会：防食鋼管杭の開発とその海洋暴露試験記録 (その 11)—千葉沖防食鋼管杭の破壊調査—（1988）
2) 外洋に 20 年間暴露した防食鋼管杭の耐食性試験報告—阿字ヶ浦海岸における鋼管杭の曝露試験—，建設省土木研究所資料（2000）
3) 鋼管杭協会：鋼管杭—その設計と施工（1990）
4) 鋼材倶楽部：土木構造物の腐食・防食 Q & A, p.109（1992）

49 重防食被覆製品では鋼材の腐食を考慮する必要がありますか？

> 重防食被覆層は鋼材の腐食を無視できるほどの防食性能をもっているので，鋼材の腐食を考える必要はありません．しかし被覆層が部分的に鋼素地に達するまでの損傷を受けた場合にはその限りではありません．

重防食被覆の期待耐用年数内であれば，重防食被覆を施した鋼材には断面性能に影響を及ぼすような腐食を生じません．また，この耐用年数を超えた後にも必要に応じて被覆層を適切に補修すれば，上記と同じように断面性能に影響を及ぼすような腐食は生じません．したがって，この場合は強度設計において被覆部の鋼材の腐食を考慮する必要はありません．ただし，重防食被覆製品の運搬時や施工時，あるいは供用期間中に発生した損傷を放置しておくと，強度上問題となるような腐食にいたることがあります．この場合には，発生した損傷程度に応じた適切な補修を速やかに行うことが大切です．

被覆層の期待耐用年数を過ぎた後も補修を行わないで使用する場合には，設計時に被覆部の鋼材の腐食程度を考慮する必要があります．耐用年数が過ぎた後の被覆部の鋼材の腐食速度については，無防食鋼材の腐食速度を適用します．この場合の被覆部の鋼材に対する「腐食しろ」は次式によって求められます；

「腐食しろ」＝[使用環境における裸鋼材の腐食速度 (mm/y)]
　　　　　×[構造物の設計耐用年数－被覆層の期待耐用年数 (y)]

使用環境における裸鋼材の腐食速度例を表1に示します．

表1 裸鋼材の腐食速度 (mm/y)

環	境	腐食速度 (mm/y)
海　水	飛沫帯	0.3
	干満帯	0.1〜0.3
	海中・土中部	0.1〜0.2
河川水	河川	0.1
大　気 (参考)	田園地帯	0.01〜0.02
	海岸地帯	0.03〜0.05
	工業地帯	0.04〜0.055

50 現地での重防食被覆製品の施工上の留意点を教えて下さい．

> 重防食被覆がもつ防食性能を，敷設以降に発揮させかつ寿命を確保するためには，製品の運搬，現地保管，打設工事，上部工との取合いなど，それぞれについて被覆材に損傷を与えない施工管理が必要です．

重防食被覆製品の代表であるポリエチレンならびにポリウレタンを被覆した工場製品は，製造工程で厳しい管理が行われ，被膜欠陥のない状態で出荷されます．しかし，施工現場に行くまでの運搬，そして打設までの現地保管，それに打設時，上部工時，打設後の後工程中に，被覆層を損傷しないように行き届いた管理がなされないと，被覆層の性能を著しく損なうとともに，設計寿命どおりの防食性能が確保できません．そのために，表1に示されるような，各作業工程ごとの施工上の留意事項が定められています．

表1　重防食被覆製品の施工手順ごとの取扱い留意事項

工程	留意事項
運搬	・枕材等を利用した被覆部の保護 ・吊り込み時の被覆部の保護
保管	・積み重ね時には緩衝材を利用
打込み工	・導枠との接触を防止する．（保護材利用） ・建て込み時には被覆部にワイヤーをかけない．（吊り金具使用） ・バイブロ工法ではチャッキングスペースには被覆しない． ・圧入工法では保護プレートを利用する． ・硬質地盤への打込みにはプレボーリング併用あるいはフリクションカッターを利用する．
上部工	・型枠による被覆部損傷の防止
掘削工・捨石工	・重機による前面掘削は壁面から50cmまで ・捨石時には防護板等を利用

（出典）「防食ハンドブック」[3)]

以下に各施工手順ごとの留意点について説明します．

(1) 運搬，保管時の注意点
a) 鋭利なものが被覆部に衝突したり，擦りなどが起こらないよう注意します．
b) 図1と図2に示すように，被覆部に傷を与えないように段積みします．
　① 未被覆部に枕木または緩衝材を入れます．
　② 被覆部に枕木，ワイヤーロープ，歯止めなどを接触させる場合には，緩衝材を用います．

③ 直接鋼管を接触させて段積みする必要が生じた場合には，必ず鋼管間にゴムベルトなどの緩衝材をはさみ込みます。
　c) クレーンにより吊り上げ，吊り下ろしを行う場合 (図 3)
　　① 重量が 5 トンまでで長さが 18 m までの場合には，両管端にフック掛けをします。
　　② 被覆部にやむを得ずロープを掛ける場合には，ナイロンスリングや損傷防止を施したワイヤーロープを用います。
　d) 保管する箇所は平坦で荷さばきに支障のない広さで，杭自重により沈下を生じない，排水の良好な場所に保管します。

(2) 施工時の注意点
a) 打込み場所までの製品の移動は主にクレーンなどを用いて行い，地表面上を引きずることがないようにし，被覆層に損傷を与えないように注意します。
b) 建込みの場合には，できるだけ吊り金具を取り付けて行います。直接ワイヤーロープを被覆層に掛ける場合には，損傷防止用のゴムなどを巻いたロープを用います。
c) 杭打機，ハンマー，その他鋭利な金具などと接触・衝突しないように注意します。
d) 被覆部は熱により溶損することがあるので，熱をもった打設機などと接触させないように注意します。
e) 打込み位置の地表面近くに砂利，捨て石，敷きバラスなどがある場合には，これを取り除いて打ち込むか，場合によってはアースオーガーなどを用いて，プレボーリングなど事前の排除対処が必要になります。
f) 導杭を使用する場合には，被覆部が導杭に強く当たらないように位置決め治具，保護材，ローラーなどを使用します (図 4)。
g) コンクリート打設のための型枠取付けは，被覆層に傷を付けないよう留意します。ブラケットを取り付けない場合には，図 5 のように杭天端に形鋼を取り付け，それを利用して吊り型枠として組み立てます。また，ブラケットを取り付ける場合には非被覆部に溶接して取り付けるか，図 6 に示したように，治具を用いて型枠を組み立てて行います。

【3. 重防食】3.1 有機系

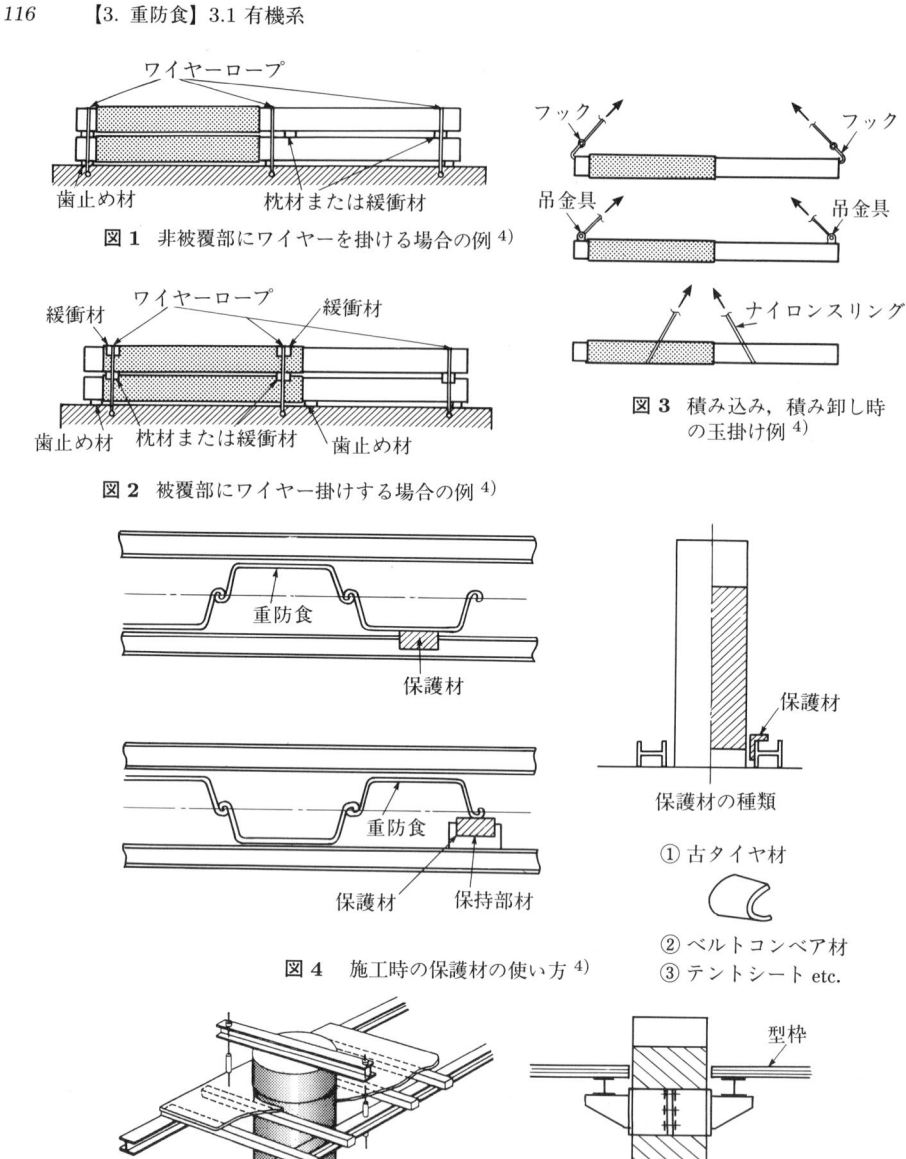

図1 非被覆部にワイヤーを掛ける場合の例[4]

図2 被覆部にワイヤー掛けする場合の例[4]

図3 積み込み，積み卸し時の玉掛け例[4]

図4 施工時の保護材の使い方[4]

保護材の種類
① 古タイヤ材
② ベルトコンベア材
③ テントシート etc.

図5 吊り型枠の例[4]

図6 ブラケット取付けの例[4]

参考資料
1) 鋼管杭協会：重防食鋼管杭・重防食鋼管矢板の施工の手引き (1990)
2) 鋼矢板技術研究委員会：重防食鋼矢板の施工の手引き (1990)
3) 鋼管杭協会編：防食ハンドブック, p.5-1
4) 鋼材倶楽部：土木構造物の腐食・防食 Q & A, pp.131–133 (1992)

51 現地での重防食被覆製品の切断，剥離，溶接上の留意点を教えて下さい

切断や溶接により熱影響を受ける箇所から約15cm以内の範囲の被覆層を機械的に除去します．その後，その周辺の被覆層を濡れた布類などで切断や溶接時の熱損傷から保護しながら，通常の切断や溶接をします．切断後速やかに処理箇所を冷却することも大切です．

(1) ガス切断の要領

ポリエチレンやウレタンエラストマーを被覆した箇所を施工現場でガス切断する場合には，次のような手順で行います．

① 切断位置から約15cm以上離れた位置にカッターやタガネのような刃物類で被覆に切れ目を入れます (図1)．

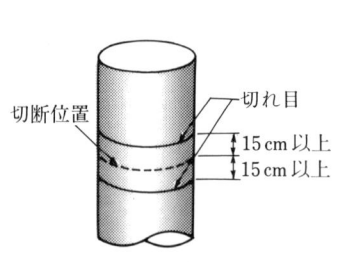

図1　切れ目
(「土木構造物の腐食・防食 Q & A」[3])

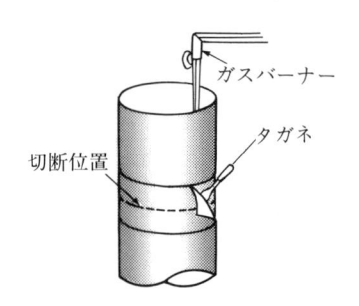

図2　被覆の剥離
(「土木構造物の腐食・防食 Q & A」[3])

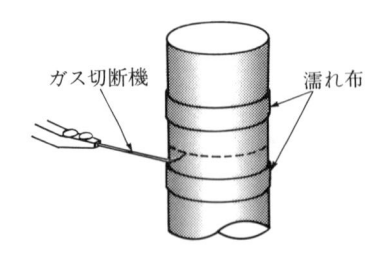

図3　溶断時の被覆部の保護の仕方
(「土木構造物の腐食・防食 Q & A」[3])

② タガネやヘラ等を用いて，切れ目にそって被覆層を機械的に剝がします．このときに裏面側からバーナーにより加熱し，接着層を軟化させると，比較的容易に剝がすことができます (図2)．
③ 切断時に発生する火花やノロから剝離しない箇所の被覆層を保護するために，その近傍の被覆層面に濡れた布類等を巻きます (図3)．
④ 切断は，通常の鋼管杭，鋼管矢板，鋼矢板を切断する場合と同じように，ガス切断機で行うことができます．
⑤ 切断後速やかに切断箇所を冷却して下さい．
　　もし被覆層を剝がさずに切断すると，切断箇所近傍の被覆層が焼けたり熱影響を受けて被覆層が劣化したりするので，上記のような剝離が必要になります．

(2) 溶接の手順

ポリエチレンやウレタンエラストマーを被覆した鋼材を現場で溶接する場合は，次のような手順で行います．

a) 一般溶接の場合

被覆部にブラケット，鉄骨，吊り金具等を現地溶接するときは，切断の要領と同様にその箇所の被覆層を所定の面積分はがし，溶接位置近傍の被覆層を濡れた布類等で覆い，溶接時のスパッターから被覆層を保護します．

b) 現地円周溶接の場合

溶接熱により被覆層が焼損しないように，管端位置から約15 cm以上の範囲の被覆層を濡れた布類等で覆い，溶接時のスパッター等から保護します．
重防食被覆製品の高止まりや打ち込み過ぎの場合も，同様の施工方法が適用されます．

参考資料
1) 鋼管杭協会：重防食鋼管杭・重防食鋼管矢板の施工の手引き (1990)
2) 鋼矢板技術研究委員会：重防食鋼矢板の施工の手引き (1990)
3) 鋼材倶楽部：土木構造物の腐食・防食 Q & A, pp.122–123 (1992)

52 無機系防食法にはどのような種類がありますか？

> 無機系防食法には，①モルタル，②金属被覆があります．①は主として既設構造物の補強を兼ねた防食法として，②は新設構造物にそれぞれ適用されます．

これまでに実用化された無機系防食法には次の系が挙げられます．

(1) モルタルライニング

セメントモルタルとコンクリートがあり，施工方法として非型枠方式と型枠方式に分けられます．型枠保護カバー方式は防食法の機能からみて複合被覆に分類されます．一般に緻密なマトリックスを作るために水/セメント比が50%前後のものが用いられます．厚さは100～150 mmになりますが，最近は改良された特殊なモルタルとして次のようなものが用いられるようになりました．

① エポキシ樹脂などの有機樹脂を含む「ポリマーセメント」
② 鋼繊維を含む「鋼繊維補強モルタル」
③ モルタルライニング表面にエポキシ樹脂などの樹脂を含浸させた「ポリマー含浸モルタル」
④ 水中作業性のよい「水中不分離性モルタル」

適用例を図1および図2に示します．

(2) 金属被覆

モルタルライニングの欠点である耐衝撃性を重視する場合は，金属被覆が用いられます．金属被覆には，次のような方法があります．

a) 鋼板—犠牲鋼板
b) 耐食性金属巻き—モネル，ステンレス，チタン
c) 厚板クラッド鋼—チタン，ステンレス

以上の金属被覆を適用する場合には溶接箇所と異種金属の接触に対する防食対策が必要です．

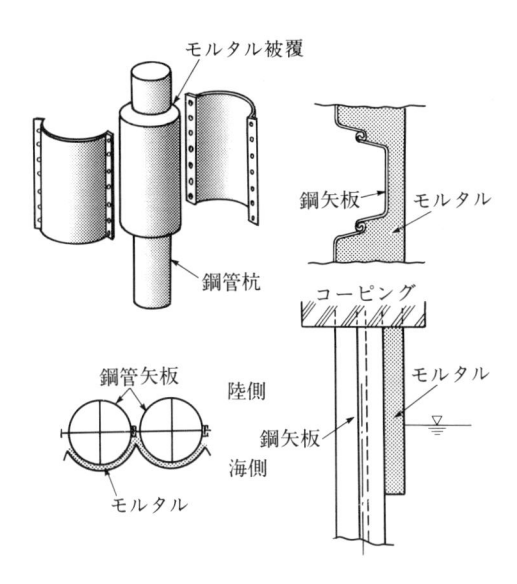

図 1 非型枠方式のモルタルライニング（コーピングとは杭に支えられる上部工 (主に床版) をいいます）（「港湾鋼構造物 防食・補修マニュアル (改訂版)」[1]）

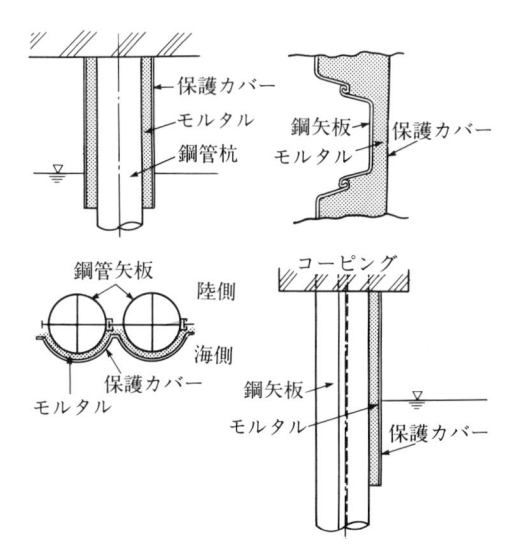

図 2 型枠 (保護カバー) 方式モルタルライニング（「港湾鋼構造物 防食・補修マニュアル (改訂版)」[1]）

参考資料
1) 沿岸開発技術研究センター：港湾鋼構造物 防食・補修マニュアル (改訂版), p.104 (1999)

53 金属被覆の防食効果について教えて下さい．

　鋼材を適切に防食するためには，被覆防食材料が機械的損傷を受けにくいことが重要です．もし耐用期間中に損傷を受けると鋼構造物の耐久性が著しく損なわれる場合があります．このような懸念がある場合でも，金属被覆は長期にわたって高い耐食性を維持できます．

　金属被覆の防食目的は構造物素材である鋼材を海水腐食から守ることです．それには耐海水腐食性の高い金属が選ばれます．その基準としては海水環境でその金属が不活性あるいは不働態化が維持できるものに限られます．それに加えて海洋で使用される際の機械的損傷を受けにくいことが必要となります．

　注意すべきことは，素材に巻き付けもしくは張り付ける際に露出する接合部の気密性とその信頼性が保証されることです．それは図1に示すように，損傷あるいは接合不良の箇所が海水あるいは海洋雰囲気に曝されると，金属被覆材より卑な（電位の低い）鋼材の腐食が加速されるからです（この箇所の鋼材の露出面積が金属被覆材のそれよりも小さいため）．

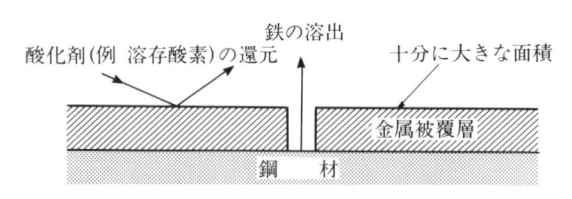

図1 金属被覆の不良部における鋼材の腐食 (模式図)

　このようなことが起こらないように設計され，かつ施工時の管理や供用中の点検が行き届くことが金属被覆を適用する上で大切なことです．

　耐海水用として使用可能な金属材料としては，耐海水性ステンレス鋼，モネル，キュプロニッケル，チタン等があります．耐海水性ステンレス鋼は腐食速度が小さく防食効果が優れていますが，干満部や海中部ではステンレス鋼と接する金属の異種金属接触腐食に配慮する必要があります．この異種金属接触腐食に対しては電気防食により防止できることが確認されています．

　モネル，キュプロニッケルは耐食性に優れているとともに，防汚効果もあり生物の付着も少なくなるので波浪による抵抗が軽減されます．モネルは主にアメリ

カで，キュプロニッケルは主にヨーロッパで使用され，海洋構造物の飛沫帯・干満帯の防食法として実績のある方法です．鋼材への取付けはステンレス鋼と同様に，直接溶接によって行うことができます．異種金属溶接となりますが，種々の溶接法に対して専用の溶接棒が用意されています．

チタンは孔食，すき間腐食，応力腐食割れ等に強い金属材料です．チタンクラッド鋼が開発され，橋脚や構造物の下部工の長期防食法として採用されていて，今後この工法を採用する例が増加することが予測されます．

これら高耐食金属の被覆厚さは 0.3 mm ないし 1.0 mm も見込めば十分です[1]．しかしながら，被覆厚さがあまり薄い場合は溶接時や構造物建造時，供用時に素地の鋼材に到達する損傷を受ける場合が懸念されるため，各工法に応じて被覆厚さを決定する必要があります．

金属被覆に適用される金属は，材料費や加工費を含めた初期費用が，他の防食工法よりも高くなります．しかしながら，図 2 に示すように初期投資が大きくても構造物に要求される期待耐用年数が長く見積もれることや，メンテナンスコストを低く抑えられることなどの理由でトータルコストを低くすることができるので，最近は金属被覆が採用される事例が増えてきています．

必要に応じて補修等のメンテナンスを行うことを前提とした，金属被覆の期待耐用年数は 50 年以上であり，20～25 年程度の重防食塗装，20～40 年程度の有機ライニングに比べて優れています．

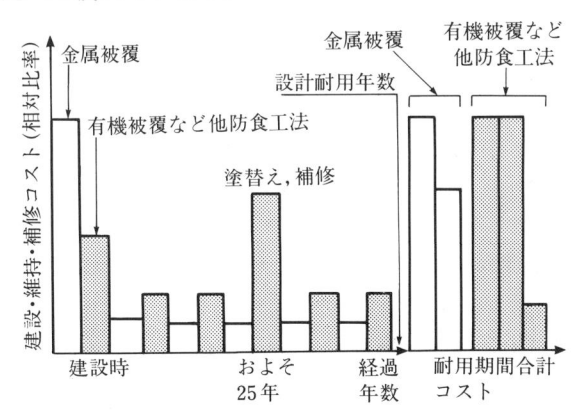

図 2 金属被覆と他防食工法とのライフサイクルコスト差

参考資料
1) 防食・補修工法研究会 編：港湾鋼構造物―調査診断・防食・補修工法 ［実務ハンドブック］(1999)

54 金属被覆材や有機ライニング材の接合部の防食処理にはどのようなものがありますか？

> 海水の影響を受ける接合部では，電気防食と有機被覆防食の組合せが用いられます．電気防食が機能しない上部工では，耐久性のよい塗装が行われます．

金属被覆材の(溶接)接合部の防食について，水中部においては電気防食を適用することが一般的です．この防食法により，素地鋼材と被覆金属との異種金属接触腐食やすき間腐食を防止することができます．海上部では，上部工との接続部においてすき間が生じないような被覆防食を施すことが必要です．この被覆防食では，素地鋼材露出部において被覆層に素地まで達する被覆層の欠陥がないこと，また素地鋼材の露出端から被覆材表面を余裕をもって被覆(図1の「被覆しろ」)することが望ましいのです．この処置を怠ると，被覆欠陥部から露出している素地鋼材の局部腐食や塗膜下腐食が起こりやすくなります．

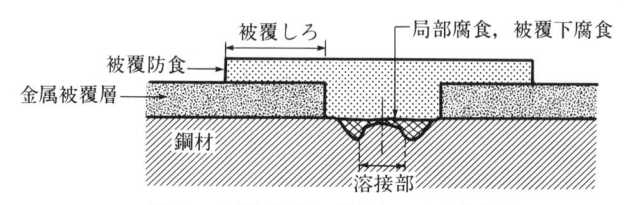

図1 金属被覆材の接合部の防食方法例

有機ライニング材でも，金属被覆材とほぼ同じ防食処理を適用します．しかし，接合部が溶接箇所であれば，有機ライニング層が溶接熱による熱劣化を起こすので，接合後の有機ライニング材の劣化を確認した上で補修・補強を決める必要があります．

工場被覆された有機ライニング鋼材(ポリエチレンやポリウレタンのプレコート製品)であれば，表1に示すように，接合部の補修工法が適用されます．

補修防食工法で使用される被覆材料を鋼材に保持するためのステンレス鋼製のバンドやボルト類については，特別の防食対策の必要はないものの，時によってはかん(嵌)合部において，すき間腐食それに微生物腐食(Coffee Break 3参照)が起こることがあります．被覆防食が有機系であれば，ステンレス鋼のすき間腐食の発生確率が高くなるため，その対策としてバンドやボルトに耐海水ステンレス鋼を採用するか被覆材と同じ被覆をすることが必要です．

表1　工場被覆された有機ライニング鋼材の接合部の補修

(a) ポリエチレン

工法名	補修内容
①スティック法	ポリエチレン製スティックを溶融し、ポリエチレン製被覆層に融着させる．
②パッチ法	充填剤で損傷部を埋め、その上にポリエチレン製のパッチシートを貼り付け、ガスバーナー等のヒーターで加熱溶融させる．
③熱収縮スリーブ法	鋼面のさびや汚れを除去した後、ポリエチレン製の熱収縮スリーブを所定の位置にセットし、ガスバーナーでスリーブを加熱して収縮させる． 基本的に鋼管杭の補修に使用する．

(b) ウレタンエラストマー

工法名	補修内容
④補修用ウレタン工法	1) 傷が鋼面に達した場合 　鋼面のさびや汚れを除去し、調合したプライマーを1回塗り、2〜4時間ほど乾燥・放置する．次いで補修用ウレタンを調合して、はけやヘラを用いて損傷部に塗布する．補修用ウレタンは、使用時間が短いので、少量ずつ混合して使用することが必要である． 2) 傷が鋼面まで達していない場合 　プライマーは不要なので、損傷部とその周辺の汚れを除去して補修用ウレタンを塗布する．
⑤水中硬化型エポキシ樹脂	主剤と硬化剤を混合し、パテ状にしたものを、傷部に手作業で圧着して所定の厚さに被覆する．

(出典)「港湾鋼構造物—調査診断・防食・補修工法—実務ハンドブック」[1]

参考資料
1) 防食・補修工法研究会：港湾鋼構造物—調査診断・防食・補修工法［実務ハンドブック］，pp.2-56〜59 (1999)

55 金属被覆で防食した海洋鋼構造物での異種金属接触腐食対策について教えて下さい．

多くの金属被覆材は鋼より貴な電位を示すので，金属被覆面で素材が露出すると，異種金属接触腐食が起こります．そのような箇所は接合部や金属被覆面と非被覆面の境界，それに金属被覆材の接合箇所にあたります．この対策として，洋上部では絶縁処置が，また海水中では電気防食の併用が必要です．

鋼構造物に対する金属被覆の主な目的は海洋環境における鋼構造物を鋼より耐食性のある金属でその表面を防食保護することです．そのような金属は海水環境では鋼よりも高い(貴な)電位を示します(図1)．

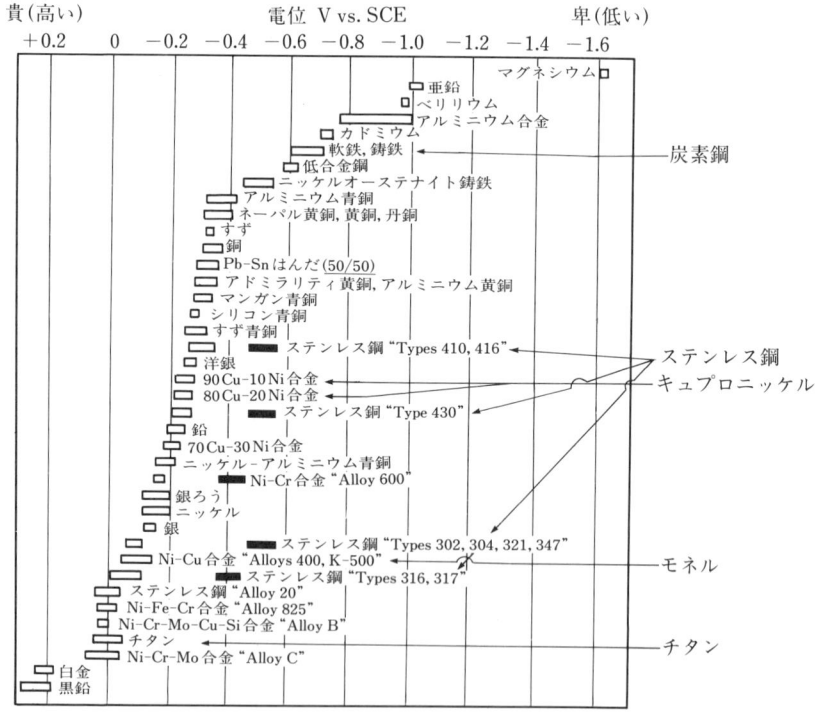

図1 海水における各種金属の腐食電位系列図．測定条件：流速 2.4〜4.0 m/s，温度 10〜27 ℃，■：低流速または溶存酸素が少ない海水の場合，□：通常の流速にある海水
(「金属の腐食・防食 Q & A 石油産業編」[1])に一部修正加筆)

したがって，そのような構造物では接合部も含めた金属被覆の端部における鋼素地の露出や施工，もしくは供用中に金属被覆に傷が発生したことにより鋼素地が露出するような箇所では，異種金属接触腐食が起こります．そのような箇所では金属被覆表面積に比べて露出鋼の面積が極めて小さいので，露出した鋼の腐食速度は大きくなります．このような腐食を起こさないためには，鋼素地が露出しないような金属被覆設計にするとともに，電気防食を併用することをお薦めします．しかし洋上部では電気防食の効果が期待できませんので，補修も含めて防食塗装を用いることをお薦めします．

参考資料
1) 腐食防食協会：金属の腐食・防食 Q & A 石油産業編, p.17 (1999)

56 海洋環境で高耐食性を発揮する金属や合金にはどんなものがありますか？

> 使用実績ではステンレス鋼，モネル（Ni–Cu合金），キュプロニッケル（Cu–Ni合金），チタンがあげられます．

炭素鋼に比較して海洋環境で高耐食性を発揮する金属として表1に示したような金属あるいは合金があります．これらは海水に限らず，広く産業分野において用いられており，特別に海水対策が考慮された成分系になっていません．

表1 金属材料の耐海水性の比較（表中の★印が高耐食性金属・合金を示す．）

合金	水中部 侵食度（mm/yr）		干満部 侵食度（mm/yr）		エロージョン，コロージョン抵抗性
	平均	最大	平均	最大	
軟鋼（黒皮なし）	0.12	0.40	0.3	0.5	低い
軟鋼（黒皮つき）	0.09	0.90	0.2	1.0	低い
普通鋼材	0.15	—	0.4	—	低い
鋼（冷間圧延）	0.04	0.08	0.02	0.18	貧弱
トンバック（10%Zn）	0.04	0.05	0.03	—	貧弱
黄銅（70Cu–30Zn）	0.05	—	—	—	満足
黄銅（22Zn–2 Al–0.02As）	0.02	0.18	—	—	
黄銅（20Zn–1 Sn–0.02 As）	0.04	—	—	—	満足
黄銅（60Cu–40Zn）	0.06	脱 Zn	0.02	脱 Zn	良好
青銅（15% Sn 0.1%P）	0.03	0.1	—	—	良好
Al 青銅（7%Al, 2%Si）	0.03	0.08	0.01	0.05	良好
★キュプロニッケル 70Cu–30	0.008	0.03	0.15	0.3	良好，優秀 (*1　*2)
ニッケル	0.02	0.1	0.04	—	良好
★モネル 65Ni–31 Cu–4(Fe+Mn)	0.03	0.2	0.05	0.25	良好
インコネル（80Ni–13Cr）	0.005	0.1	—	—	良好
ハステロイ（53Ni–19 Mo–17Cr）	0.001	0.001	—	—	優秀
★ 13Cr 鋼	—	0.28	—	—	満足
★ 17Cr 鋼	—	0.20	—	—	満足
★ 18Cr–9 Ni–0.1C 鋼	—	0.18	—	—	良好
★ 25Cr–20Ni 鋼	—	0.02	—	—	良好
Zn（99.5%Zn）	0.028	0.03	—	—	良好
★チタン	0.00	0.00	0.00	0.00	優秀

（注）*1：0.15%Fe，*2：10.45%Fe
（出典）「海洋構造物防食指針」[1]

海洋環境で高耐食性金属などが使用されたのは海洋油田リグ，海水熱交換器，海水淡水化装置などです．使用実績の多いのはモネル，ステンレス鋼ですが，最近はチタンの使用例が増えてきています．

　これら高耐食性金属のコストは炭素鋼に比較して数倍高くなるので，構造物体のもつ経済的価値や周辺技術との均衡の視点から採用の適否を判断する必要があります．

　高耐食性金属の適用実例を見ると，その適用背景として，初期投資コストは高くても，施設稼働寿命とその維持管理経費を含めたライフサイクルコストが有利と評価したものと判断されます．今後の海洋鋼構造物にはメンテナンスコストの低減化，長寿命化が要請されるので，高耐食性金属が防食被覆として利用される機会が今後増えていくことが期待されます．

参考資料
1) 鋼材倶楽部：海洋構造物防食指針，p.14 (1976)

57 海洋で使用可能なステンレス鋼の種類とその耐食性について教えて下さい．

耐海水ステンレス鋼は早くから発電所用復水器の伝熱管に使用できる材料として開発され，すき間腐食や孔食に対する対策をとった成分系が実用化されています．海洋環境は復水器よりも温度が低いのですが，構造物の耐久性を考えれば，耐海水性ステンレス鋼を用いることが有効です．

海洋環境は復水器よりも温度が低いが，一般に用いられるステンレス鋼，例えばSUS304鋼やSUS316鋼では孔食やすき間腐食を起こします．

海洋環境におけるステンレス鋼は孔食とすき間腐食に対する耐食性を考慮した成分設計が行われます．その設計には通常「孔食指数(Pitting Index：PI)」が用いられます．

$$PI = [Cr] + 3.3[Mo] \quad \cdots\cdots\cdots\cdots\cdots \quad (\alpha 系，フェライト系)$$

$$PI = [Cr] + 3.3[Mo] + 16[N] \quad \cdots\cdots \quad (\gamma 系，オーステナイト系)$$

(注：[ ]内は重量%)

上式で与えられるPIが「40以上」であれば，使用環境によるが自然海水環境においてステンレス鋼の孔食やすき間腐食が起こりにくいとされています．このような成分設計で表1に示したようなステンレス鋼製造各社の耐海水ステンレス鋼が実用化されています．

以上のステンレス鋼は発電所の復水器分野に使用されています．今後はこれらの材料が海洋環境でも使用例が増えると予想されます．

参考資料
1) 宇城　工：材料と環境, Vol.41, No.5, pp.329–340 (1992)

【3. 重防食】3.2 無機系

表1 ステンレス鋼メーカー各社の耐海水ステンレス鋼

組織	メーカー	鋼種記号	代表成分
フェライト系	川崎製鉄・昭和電工	SHOMAC-RIVER 26-4	26Cr-4Mo-Nb-極低 C, N
	昭和電工	SHOMAC 30-2	30Cr-2Mo-Nb-極低 C, N
	山陽特殊製鋼	QS 254	25Cr-3.5Mo-3.5Ni-Nb
	住友金属工業	FS 10	29Cr-4Mo-2Ni
	日本金属工業	NTK U-20	28Cr-3.5Mo-Nb-極低 C, N
	Alleghney	AL 29-4C	29Cr-4Mo-Ti
	Nyby-Uddeholm	MONIT	25Cr-4Mo-4Ni-Ti
	Trent Tube	SEA-CURE	27.5Cr-3.5Mo-1.2Ni-Ti
オーステナイト系	NKK	NSL 310Mo	25Cr-22Ni-4.5Mo-0.2N
	川崎製鉄	RSA 03	22Cr-17Ni-4.5Mo-0.3N
	神戸製鋼所	KES 825M1	20Cr-23Ni-5.5Mo-1.5Cu-0.2N
	山陽特殊製鋼	QS2830	27Cr-31Ni-3.5Mo-1Cu
		QS 2520N	25Cr-20Ni-3.5Mo-0.15N
	新日本製鐵	YUS 270	20Cr-18Ni-6Mo-0.2N-0.7Cu
	住友金属工業	HR 8	22Cr-26Ni-5Mo-Ti
		HR 8N	20Cr-25Ni-6Mo-0.15N
	日本金属工業	NTK M6	20Cr-25Ni-6Mo-N
	日本製鋼	NSS 20-25-6	20Cr-24Ni-6Mo-0.5Cu-0.2N
	日本ステンレス	NAR 20-25-MT1	22Cr-26Ni-5Mo-Ti
	日本冶金工業	NAS 254N	23Cr-25Ni-5.5Mo-0.2N
	Alleghney	AL-6X	20Cr-24Ni-6Mo
		AL-6XN	20Cr-24Ni-6Mo-0.8Cu-0.2N
	Avesta	254 SM0	20Cr-18Ni-6Mo-0.7Cu-0.2N
	Sandvik	Sanicro 28	27Cr-31Ni-3.5Mo-1Cu
2相系	神戸製鋼所	KES 329YM	25Cr-7Ni-3.5Mo-0.5Cu-0.16N
	山陽特殊製鋼	QS 2505	25Cr-6.5Ni-3.5Mo
	日本ステンレス・住友金属工業	NAR DP-3	25Cr-6.5Ni-3Mo-0.5Cu-0.3W-0.1N
	日本冶金工業	NAS 64	25Cr-6Ni-3Mo-0.1N

(出典) 宇城 [1]

58 モネルやキュプロニッケルの耐食性について教えて下さい．

いずれの材料も銅合金で，海洋環境では特定の分野でその優れた耐海水性が認められています．その腐食速度は使用する部位に影響されず，実用上ほとんど無視できます．生物付着箇所で浅いすき間腐食が発生することがありますが，大きく進行することはありません．

(1) モネル

モネルはニッケルを主合金成分として銅を 30～40%含有する Ni–Cu 合金です．高強度，加工性，溶接性，耐食性が優れている特性を生かして，主に精密機械や化学装置の部材で使われていますが，海洋分野でも船舶のプロペラ，シャフトなどに使われています．またモネルは，アメリカを中心にした石油掘削ジャケットなどの海洋鋼構造物において，飛沫帯から干満帯にかけての鋼材防食に適用されています．

一方，わが国ではニッケル産出が少なく高価であるために，モネルは汎用製品ではありませんでした．

海洋構造物の長期暴露性能試験の結果では，飛沫帯，干満帯にかけて
① 合金表面に部分的に変色(緑青)は見られるものの腐食速度が算出できるほどの顕著な腐食は認められない．
② 溶接部には溶接欠陥が原因と思われる生物付着下の腐食は見られたが，溶接管理を徹底すれば，この箇所の腐食の問題は解決されるものと考えられる．

などの知見が得られています．これらの結果から，通常の海洋環境ではステンレス鋼と同じようにモネルの腐食速度は使用部位に影響されず，実用上ほとんど無視できるものです (10^{-3} mm/y 未満)．

(2) キュプロニッケル

キュプロニッケルは銅を主合金成分としてニッケルを 10～30%含有する Cu–Ni 合金です．この合金は耐熱性，機械的性質，加工性などに優れているのに加えて耐食性がよいので，産業機械の部品に使われています．また耐海水性が優れていることから，海水が関与する熱交換器に従前から使われています．

海洋環境では，すでにヨーロッパを中心にこの合金のもつ耐海水性と防汚性を生かした石油掘削用ジャケットが実用化されています．その適用範囲はモネルと

同様に飛沫帯から干満帯にかけて適用されています．

わが国の海洋暴露試験の結果では，生物付着した箇所で浅いすき間腐食が観察されていますが，大きく進行はしていません．

参考資料
1) 鋼材倶楽部：海洋構造物の耐久性向上技術に関する研究 共同研究記録 (その15) 1997年度報告書 (1998)

Coffee Break 7 　被覆防食に用いる固定治具について

　ペトロラタムライニングによる防食補修・補強工法では，プラスチック製保護カバーの取付けに，しばしばステンレス鋼製のボルト・ナットやバンドが用いられています．

　この場合，ナットとワッシャーの間やバンドとカバーの間ですき間腐食を生じたり，付着生物下で孔食を生じることがあり，その発生程度は干満帯水深よりもむしろ水中部によく見られる傾向があります．しかしそのような腐食が直ちに金具の締結機能を損なうのではなく，実際には10年以上にわたり締結材としての機能を果たしています．

　ステンレス鋼を締結材として使用したときの「寿命」に対する考え方は，防食施設を管理する立場であれば，腐食よりもボルトやバンドが破損・切断されたときをもって「寿命」とするのではなく，締結材としての機能に問題が現れた時期と考えるのが妥当と思われます．

　この時期は暴露されている環境により異なるために，具体的に数値を挙げることは難しいのですが，実績からみますと概ね10～20年の間にあると推定されます．

　したがって，特に10年以上を経過したステンレス鋼製の締結材については定期的に点検することが望ましいと思われます．

59 チタンの耐食性と海洋構造物へチタンを適用する上での留意点を教えて下さい．

> チタンは海水中での腐食速度が無視できるほど小さいことが知られています．また，ステンレス鋼で問題になるすき間腐食やエロージョン・コロージョンに対して優れた耐食性を示します．チタンの優れた耐海水性を活用する方法には，チタンクラッド鋼を工場で被覆する方式と，チタン薄板を現場か工場で被覆する方式とがあります．異種金属接触腐食や100年以上の超長期使用の場合には電気防食適用時の水素吸収による脆化には注意が必要です．

(1) チタンの一般的な特徴

チタンは地球上で9番目に多い金属であり，地殻の0.44%を占めています．チタンは不働態化する能力があり，その結果，海水中で孔食やすき間腐食，さらにエロージョン・コロージョンが実用上問題とならない代表的な金属として知られています．海水浸漬試験の結果では，腐食速度が 10^{-3} mm/y 以下と低く，また流速の影響を受けても1桁程度しか腐食速度が増加しないといわれています．このような耐海水性をもつので，古くから海水を用いる熱交換器や復水器に使われています．また，海水淡水化装置材料が研究・開発された成果においても海水環境におけるチタンの優位性が一層認識されました．近年，製造技術の革新によってチタンのコストが低下するとともに，メンテナンスも含めたトータルコストでのチタンの優位が認識されるようになりました．

チタンの主な特徴は以下のとおりです．
① 軽量である (鉄の比重が7.9であるのに対して，チタンは4.5)．
② 弾性係数は鉄の約50%である (鉄：21 000 kg/mm^2，チタン：106 330 N/mm^2)．
③ 引張特性は鉄なみに優れている (チタンは JIS 2 種で引張強度 340〜510 N/mm^2，耐力 215 N/mm^2 以上，伸び23%以上)．
④ 耐食性が極めて優れている．海洋環境でステンレス鋼をしのぐ耐食性を示し，腐食速度は 10^{-3} mm/y 以下で，実用上無視しうる．
⑤ 非磁性である．
⑥ 毒性がない．

チタンを使用する上で注意すべきことは，チタンより腐食電位が卑な(低い)金属がチタンと接触している場合，その金属に異種金属接触腐食が生じることです．

一方,チタンが過度に電気防食された時,チタン表面に水素化物が生成し,脆化する可能性があることです.ただ,この速度は非常に遅いので100年以上の使用の場合に考慮すればよいです.異種金属接触腐食の防止は,電気防食の併用やチタン表面の塗装,それにチタンと鋼材の絶縁が有効です.また,電気防食を用いた場合の水素脆化に対しては,塗装部も含めたチタンの防食電位を適切な電位範囲に設定することで防止することが可能です.

(2) チタンによる防食

a. チタンクラッド鋼板の利用

チタンは上記のように優れた耐食性をもちますが,鋼には直接溶接できません.したがって,チタンを鋼構造物に溶接で取り付け可能なように,事前に工場で圧延や爆着などの方法により鋼板に圧着したチタンクラッド鋼板(図1)が開発されました.チタンクラッド鋼板を用いて,海洋鋼構造物の腐食が最も激しい部分にこれを取り付ける場合の例を図2に示します.また,チタンクラッド鋼板を取り付けるための溶接方法を図3に示します.この構造では,被覆部の上下端部ではチタンクラッド鋼板端部の鉄が露出することになります.この状態では異種金属接触腐食が起こり,素材鋼板の腐食が起こります.この腐食対策として上端大気部は塗装により,また下端水中部は電気防食によりそれぞれ防食する必要があります.

b. チタン薄板の利用

i) 工場被覆法

現地防食法では施工コストがかさむことに対応して,最近では工場でチタン薄板を鋼管杭表面に被覆する技術が開発され,図4 (a) のようなチタン被覆防食鋼管杭も製品化されています.構成としては,1次防食層がチタン薄板,2次防食層が有機樹脂材料となっています.海上における打設試験も実施され,従来の重防食被覆製品や重防食被覆鋼管杭と同様に施工できることが確認されています.

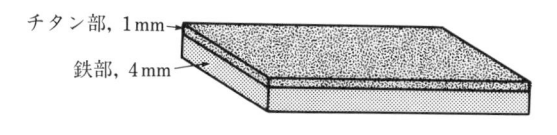

図1 チタンクラッド鋼板

(チタン部, 1mm / 鉄部, 4mm)

図2　橋脚のチタン被覆部

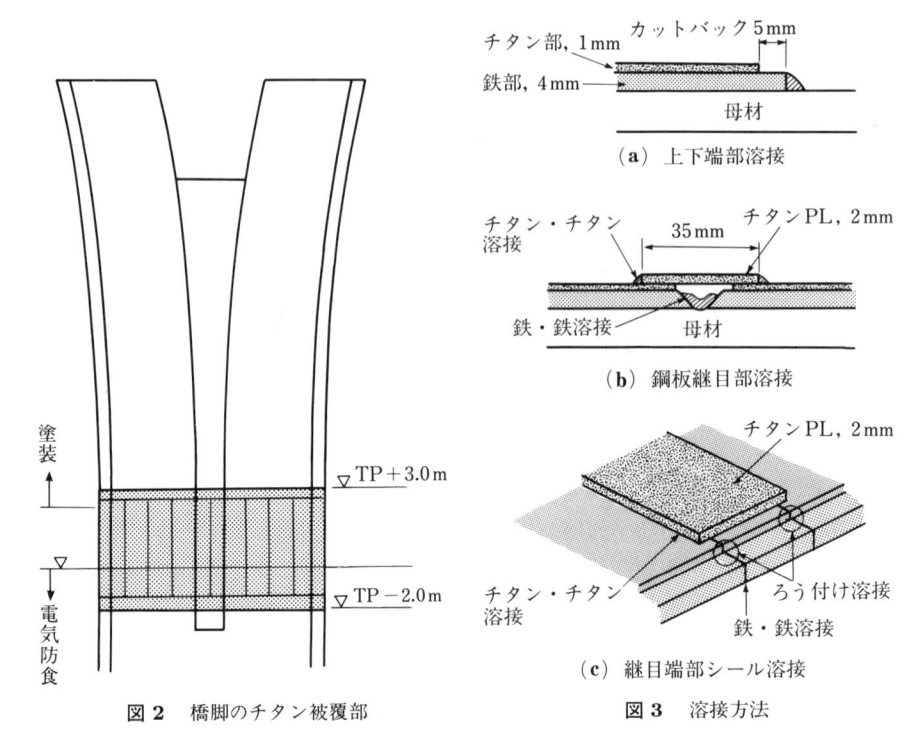

図3　溶接方法

(a) 上下端部溶接
(b) 鋼板継目部溶接
(c) 継目端部シール溶接

ii) 現場被覆法

現地防食施工法として，継手をもつチタン薄板を現地で被覆する工法もすでに開発されました．海洋暴露試験によるこれまでの性能評価の結果も良好であることから，この工法の施工実績も増えつつあります．継手としては，チタン製のフランジをチタン製またはステンレス製ボルトで固定する方式や，図4(b)に示すような鞘管により差し込み固定する方式や水中でも可能な抵抗溶接による方式などが実用化されています．

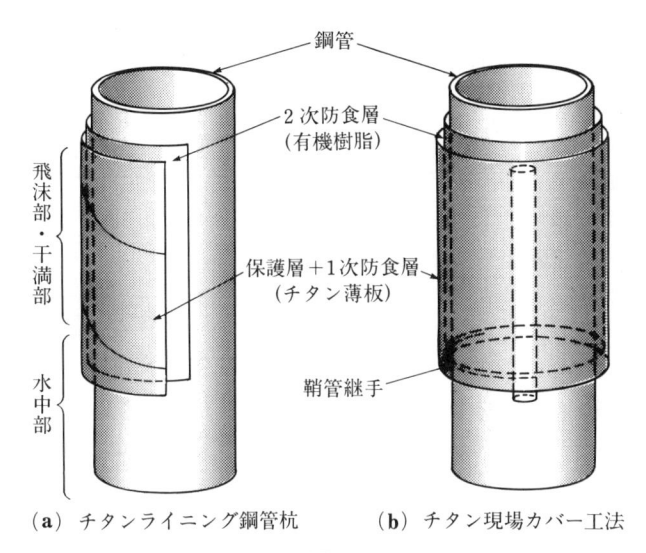

(a) チタンライニング鋼管杭　(b) チタン現場カバー工法

図 4

参考資料
1) 鋼材倶楽部：海洋構造物の耐久性向上技術に関する研究 共同研究記録 (その 15) 1997 年度報告書 (1998)
2) 腐食防食協会：材料環境学入門, pp.154–155 (1993)
3) H. H. Uhlig (松田, 松島訳)：腐食反応とその制御—原理と応用, pp.306–308 (1968)

60 チタンの耐食性をさらに向上させる方法はありますか？

　チタンに微量のパラジウム，ルテニウム，タンタルなどを含有させた耐食性チタンがあります．しかし一般の海洋環境における防食に関しては，通常のチタンで十分な耐食性が期待できます．

　チタンの耐食性は微量合金元素(パラジウム，ルテニウム，タンタルなど)により向上することは知られています．しかし，そのような性能が必要とされるほど腐食性の高い環境は極めて限られています．海洋分野でのチタンは，すでに火力発電所の海水冷却による復水器や海水淡水化装置等において，純チタン工業材料で実用上問題がないことが把握されています．また海洋構造物材料としても，千葉沖や駿河湾の暴露場での調査結果からその優れた耐食性が認識されています．したがって，海洋鋼構造物の防食を対象分野にしてのチタンの耐食性の向上は現状では必要ないでしょう．

参考資料
1) 佐藤　彰：ふぇらむ, Vol.3, p.88 (1997)
2) 諸石 大司：我が国のチタン産業について，材料と環境, Vol.47, No.7, pp.431–436 (1997)

61 ステンレス鋼やチタン等の高耐食性金属が海水で起こす特異な腐食にはどのようなものがありますか？

　　海洋環境の塩化物イオンに起因する孔食やすき間腐食が，チタンを除いた高耐食性金属材料に見られます．また最近は微生物腐食も事例が報告されています．さらに高耐食性金属と電気的に導通している炭素鋼や低合金鋼には異種金属接触腐食が発生します．これらの防止法としては，塗装または電気防食，あるいはこれらの複合防食が有効です．

　高耐食性金属は素材になる鋼材を海洋環境から遮断するために被覆して用いられます．したがってこれらの金属は一種の被覆防食材料になります．
　一般にこれらの金属が用いられる部位は，腐食が激しい干満帯以浅です．この水深位においては当該金属種およびその合金は不働態状態であり，高耐食性を発揮します．
　① 孔食
　② すき間腐食
　③ 微生物腐食
　④ 炭素鋼や低合金鋼の異種金属接触腐食の誘起

に注意する必要があります．これらの腐食現象は構造に依存して現れる場合がありますので，使用環境とともに構造設計段階で配慮することも大切です．
　これらの腐食現象に対する防食法としては
　1) 塗装
　2) 電気防食
　3) 合金元素の添加による各種腐食特性の改善
　4) 不働態を強化するための表面処理（例えばクロム酸処理），表面改質（CVD，PVD等）

があげられます．その防止法は暴露試験等で検証が進められているとともに，一部実プロジェクトにも適用されています．なお，CVDは「化学的蒸着法」，PVDは「物理的蒸着法」の略号です．

62 ステンレス鋼やチタンに塗装できるのですか？

> ステンレス鋼に対してはエポキシ，超厚膜型エポキシ樹脂塗料などの塗装使用例があります．一方，チタンでは最近の海洋構造物に大気中と海中に分けて塗装仕様が決められた事例があります．

　一般にチタンやステンレス鋼は耐食性があるので無塗装で使用されます．しかしステンレス鋼では孔食が予想される部位や，異種金属接合部等には防食塗装を施す必要があります．チタンについては大気中の異種金属接触腐食対策に塗装を，また海中では電気防食と塗装を併用しています．また環境との調和，構造物において他の部分と色を合わせる必要がある場合なども塗装が必要です．

　表1に，耐海水ステンレス鋼への超厚膜型エポキシ樹脂塗料の塗装仕様例を示します．また，表2にはチタンの塗装例を示します．

表1　ステンレス鋼の塗装仕様例

工程		使用塗料	膜厚(μm)
1	素地調整	ブラスト処理	−
2	プライマー	エポキシ樹脂塗料下塗り	50
3	中塗り	超厚膜型エポキシ樹脂塗料	1250
4	上塗り	超厚膜型エポキシ樹脂塗料	1250

(注) 適用物件例：神戸市・中突堤ジャケット，適用箇所：飛沫干満帯(接合部)，素材：耐海水ステンレス鋼 (YUS270, Q57 参照)

表2　チタンの塗装仕様例

工程		大気中		海中	
		使用塗料	膜厚(μm)	使用塗料	膜厚(μm)
1	素地調整	ブラスト処理	−	ブラスト処理	−
2	プライマー	エポキシ樹脂塗料	120	エポキシ樹脂塗料	50
3	中塗り	ふっ素樹脂塗料	30	変性エポキシ樹脂塗料	150
4	上塗り	ふっ素樹脂塗料	25	変性エポキシ樹脂塗料	150

(注) 適用物件例：東京湾横断道路，適用箇所：飛沫帯から海中部，素材：チタンクラッド鋼板 (構成は TP270/SS400)

参考資料
1) 大日本塗料(株) 社内技術資料

63 電気防食法の原理と海洋構造物への適用条件について教えて下さい．

　腐食環境中に設置された電極から防食すべき金属材料に直流電流を通電することによって，金属を腐食しない電位にまで変化させて防食する方法を電気防食法といいます．海洋鋼構造物においては，防食すべき金属に電流を流入させ，腐食電位よりも卑な(低い)電位にすることから，陰極(カソード)防食ということがあります．通電には防食される金属よりも卑な(低い)電位をもつ溶解(腐食)しやすい金属を取り付ける方法(流電陽極方式)と，不溶性(難溶性)電極を設置して直流電圧を印加する方法(外部電源方式)の2通りがあります．
　電気防食法が主として適用される対象範囲は，干満帯以深の海水・海底土中にある金属材料です．

　電気防食は金属材料，特に鋼材の腐食を防止するための防食技術として20世紀初めから海洋環境を対象に用いられてきました．最近では，電気防食システムは積極的に設備管理エンジニアリングに取り込まれるようになりました．電気防食は防食電流を通電するための電極を腐食環境に設置して，被防食体との間で直流電流を通電することにより被防食体を防食する方法です．この防食法には腐食する金属の電位を自然電位より高くするか低くするかの2通りの方法があります．電位を高くする方式を陽極(アノード)防食，また低くする方式を陰極(カソード)防食といいます．海洋構造物では鋼材を対象に陰極防食が古くから用いられています．以下にこの方式の電気防食について説明します．

　海水中の鋼材に対する電気防食の基本原理を図1に示します．E_{corr} は鋼材の腐食電位(自然電位ともいわれます)で，○印は腐食速度の大きさを電流の大きさで表しています．電位を卑な(低い)方向に移行させることで腐食速度は低下し，電位 E_{cp} の電位では腐食反応は無視できるほど小さくなります．この E_{cp} に相当する電位のことを当該金属材料の防食電位といい，□印の示すカソード電流を防食電流といいます．海水中の鋼材は腐食速度に相当する電流密度を防食電流として供給することにより腐食の防止が可能となります．金属材料表面上において，この電位以下で生ずる電気化学反応は，陰極(還元)反応が主で，金属材料の腐食(酸化反応)は非常に小さな値となります．

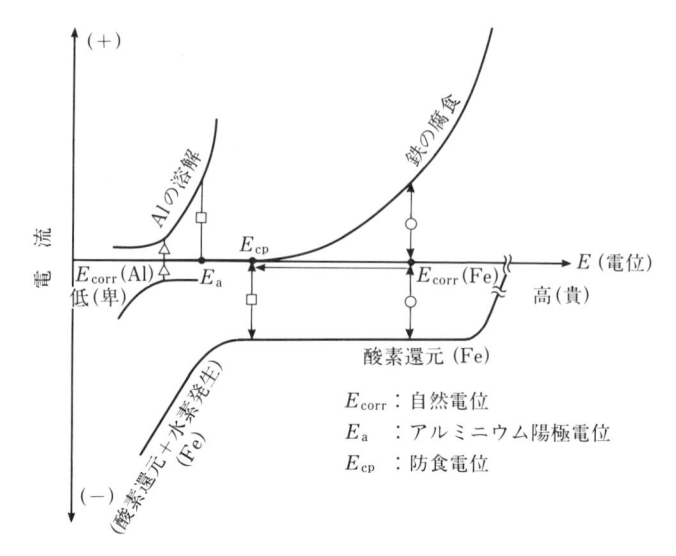

図1 陰極防食の原理図

　この状態を保つためには，防食対象物表面で生じている陰極反応に対応した陽極反応を別の電極材料で行わせます．この電極材料は積極的にそれ自身が溶出することで陽極反応を行わせるタイプのものと，外部から印加電圧を加えて，陽極反応(海水の電解により酸素や塩素のガス発生が主体の反応)を行わせるタイプのものがあります．前者を流電(犠牲)陽極とよぶのに対して，後者は不溶性(難溶性)陽極とよびます．したがって，適用される電気防食は2つの異なった方式があることになります．すなわち，犠牲陽極を用いる場合を「流電陽極方式」とよび，また不溶性(難溶性)陽極を用いる場合は「外部電源方式」とよびます．それぞれの基本的原理を概念図として図2の(a)および(b)に示しました．

　電気防食が適用される海洋構造物は主として干満帯以深の海水・海底土中にある金属材料ですが，最近は大気中のコンクリート構造物にある鉄筋の防食法としても用いられています．

　電気防食の特徴を以下に列記します．
　①新設，既設構造物の規模・形態に関係なく適用可能．
　②維持管理，更新・補修が容易．
　③任意の耐用年数設計が可能．

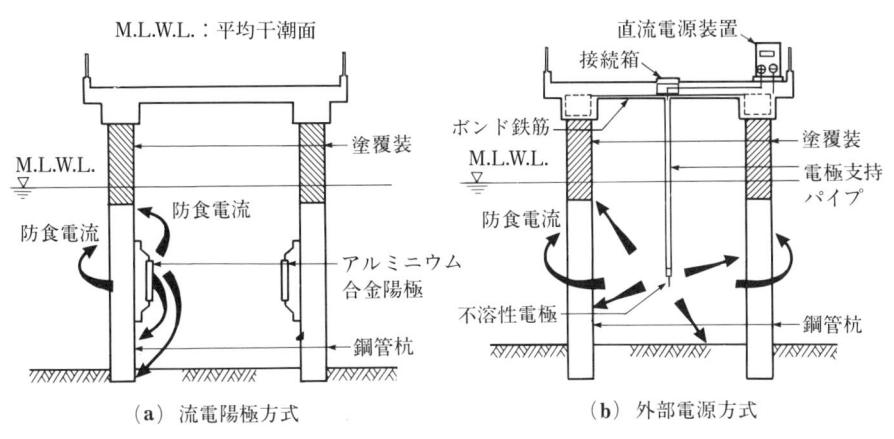

図2　各電気防食方式の概念図（「防食ハンドブック」[1]）

参考資料
1) 鋼管杭協会：防食ハンドブック, p.3-2 (1998)

64 電気防食法の防食電位について教えて下さい．

> 電気防食（陰極防食）では，被防食体を特定の電位以下に保持することによって防食することができます．この電位を防食電位といいますが，海水環境における各種金属の防食電位は該当する金属の酸化還元反応の平衡電位（腐食速度ゼロ）と必ずしも一致するものではありません．実用上用いられている防食電位は，炭素鋼のような非不働態化材料では，鋼材表面に供給される溶存酸素を通電電流によりすべて還元し，腐食反応として使われる溶存酸素をなくすところの電位であり，ステンレス鋼のような不働態化材料ではすき間腐食の再不働態化電位が適用されています．

海水中における金属の腐食は電気化学反応であることから，電位によって腐食速度を制御することができます．陰極防食は，電位を低下（卑化）させることによって金属の腐食を防止する方法で，各種金属によって維持されなければならない電位の上限値が各種提案されています．表1はそれらの一例をまとめたものです．これらの値は，金属の酸化還元反応における平衡電位（腐食速度ゼロ）と必ずしも一致するものではなく，実用上防食状態と判断できるところの電位を実験室試験や現場試験などをもとに決定した値です．

表1　各種金属・合金の防食電位

金　属	照合電極 (V vs. SCE)	
炭　素　鋼	−0.77　　(−0.9)*	
アルミニウム	−0.8〜−1.1　　(−1.1〜1.2)**	
銅	−0.35〜−0.5	
亜　　鉛	−1.1	
亜鉛めっき鋼管	−1.0〜−1.1	
鉛	−0.63　　(−0.77)**	
ステンレス鋼 (SUS304)	−0.4〜−0.5	
チタン	(−0.75)***　　25°C 海水	
	(−0.65)***　　100°C 海水	

（注）　*：嫌気性の硫酸塩還元バクテリアが繁殖している環境の防食電位
　　　**：陰極腐食を起こす危険のある電位
　　***：水素脆化を起こす危険のある電位

海水環境の炭素鋼のような非不働態化材料で，溶存酸素の拡散で腐食速度が律速されている場合の防食電位は，鋼材表面に供給される溶存酸素を通電電流によ

りすべて還元し，腐食反応として使われる溶存酸素をなくすところの電位に相当することが，水流らの報告[1]によって示されています．すなわち，鋼材表面を電気化学的に脱気状態のようにしていることから，脱気環境下の自然電位は，防食電位とみなせることがわかります．炭素鋼の防食電位は，$-770\,\mathrm{mV}$ vs. SCE ですが，この値は酸洗した炭素鋼が脱気環境下で示す自然電位に近似しています．

またステンレス鋼のような不働態化材料の場合，腐食形態は孔食やすき間腐食などの局部腐食であるため，防食条件としては不活性域まで電位を低下させるのではなく，局部腐食が発生または成長しない不働態域の電位に保持します．すき間腐食は，孔食に比べて発生しやすいため，実用上は，図1に示すように $E_{R,\mathrm{CREV}}$ (すき間腐食の成長停止電位，再不働態化電位ともいう) が防食電位となります．

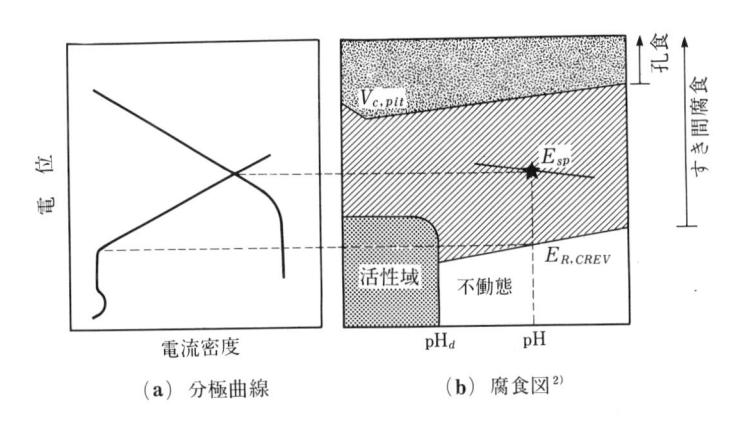

(a) 分極曲線　　(b) 腐食図[2]

$V_{c,pit}$：孔食電位
E_{sp}：不働態化している金属の自然腐食電位
$E_{R,CREV}$：すき間腐食再不働態化電位
pH_d：脱不働態化 pH

図1 塩化物イオンが共存する場合のステンレス鋼に対する電気防食条件の模式図

参考資料
1) 水流 徹, 田 大煕, 春山 志郎：防食技術, Vol.34, p.36 (1985)
2) 腐食防食協会：腐食センターホームページ, 腐食防食 Q & A, No.044

65 防食電流密度について教えて下さい．

電気防食の適用において，腐食を防止するために必要な防食対象物の電流密度を防食電流密度といいます．防食電流密度は腐食環境ばかりでなく経時的にも変化するため，選定にあたっては当該海域での施工実績を反映させるか，現地での腐食試験，分極試験，環境調査等の結果を十分考慮しなければなりません．

防食電流密度は腐食を防止するために必要な防食対象物の単位面積当たりの電流です．

代表的な環境における防食電流密度の一例を表1に示します．

表1 防食電流密度

(単位：mA/m^2)

環境			電気防食		複合電気防食
			初期防食電流密度	定常防食電流密度	防食電流密度
一般海域	内湾性	海水中	100	50	左の値にPを乗じた値
		海土中	20	10	
	外洋性	海水中	$100 \times F$	$50 \times F$	
		海土中	$20 \times F$	$10 \times F$	
特殊海域	汚染	海水中	$100 \times K$	$50 \times K$	
		ヘドロ	150	100	
		海土中	$20 \times K$	$10 \times K$	
	潮流	1 m/s	160	80	
		2 m/s	230	115	
		5 m/s	270	135	

(備考) F は海域の波浪，潮流の程度に応じて 1.0〜1.5 までの範囲となっています．
K は汚染の程度に応じて 1.2〜1.5 までの範囲となっています．
P は塗膜の劣化・損傷等によって生じる鋼の露出率で，塗装系により 0.1〜0.25 までの範囲となっています．

(出典)「海域における土木鋼構造物の電気防食に関する共同研究報告書」[1]

防食電流密度の経時的な変化は図1に示すように，電気防食開始当初から時間の経過とともに減少し，ある期間経過後は，ほぼ一定の値に落ち着きます．電気防食開始当初の防食電流密度を初期防食電流密度といい，一定の値に落ち着いた状態のときの値を定常防食電流密度といっています．

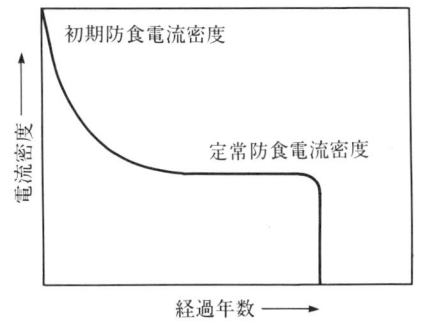

図 1 防食電流密度の経時変化 [1]

　ところで，防食電流密度は表 1 からも明らかなように，接する海水や海底土の腐食性によって大きく影響されるため，可能であれば当該海域での施工実績や現地における腐食試験，分極試験，環境調査等によって評価することが望ましいといえます．

参考資料
1) 建設省土木研究所，土木研究センター：海域における土木鋼構造物の電気防食に関する共同研究報告書—海域における土木鋼構造物の電気防食指針 (案)・同解説— (1991)

66 エレクトロコーティングとはどんなものですか？

> 海水中で金属材料が電気防食 (陰極防食) を受けたことにより，その表面に海水成分であるカルシウムやマグネシウムの炭酸塩や水酸化物が沈着・析出すること，およびその石灰質被覆物をエレクトロコーティングとよんでいます．これは電気防食によって陰極となった金属表面の pH が溶存酸素の還元や水素発生反応の結果上昇し，表面がアルカリ性になることにより生成します．この生成により電気防食に必要な電流密度を低くすることが可能になります．

エレクトロコーティング (Electro-coating) という言葉は，元来，石灰質被覆を形成させる方法[1]に対して使われていた言葉ですが，日本ではその後，被覆物に対しても用いられるようになりました[2]．したがって，英語で石灰質被覆物を Electro-coating と表現することはほとんどなく，一般的には，Calcareous deposit[3]，Calcareous scale[4]，Calcareous coating[5] などが使われています．

電気防食を受けている金属材料の表面では，以下の陰極反応が進行します．

溶存酸素の還元反応：$\frac{1}{2}O_2 + H_2O + 2e^- \rightarrow 2OH^-$

水素発生反応：$2H_2O + 2e^- \rightarrow H_2 + 2OH^-$

いずれの反応でも pH の増加，つまりアルカリ性を金属表面にもたらします．また防食対象金属は陰極ですから，海水中でプラスの電荷をもつカルシウムイオン (Ca^{2+}) やマグネシウムイオン (Mg^{2+}) は電気泳動によって引き寄せられます．そして，重炭酸イオン (HCO_3^-) や陰極反応によって生成した水酸化イオン (OH^-) と液相反応を起こして $CaCO_3$ や $Mg(OH)_2$ が生成し，金属 (陰極) 表面に沈着します．これがエレクトロコーティングとよばれる電解被覆法および被覆物です．この生成物を短時間で厚く沈着させるための電気的条件は図1に示すように，$0.07 \sim 0.3 \, mA/cm^2$ の電流密度範囲であるといわれています．この条件で生成した電解被覆物は緻密で密着性に優れ，陰極金属の防食に有効に働きます．一方，電気防食に適用されている $0.01 \sim 0.03 \, mA/cm^2$ 程度の電流密度でもエレクトロコーティングは生成され，陰極電流密度を初期の 40〜50%低減させるという効果をもたらします．河川水の影響を受ける海域では電気防食電流の低減が小さいといわれているのは，その環境ではエレクトロコーティング作用が生じにくいことと関連し

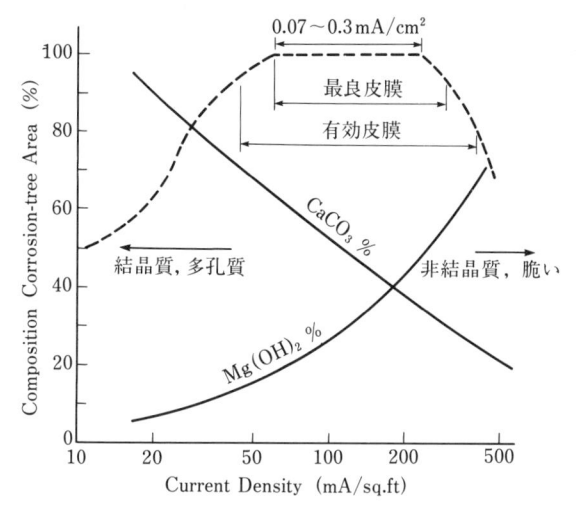

図1 エレクトロコーティングが形成される電流密度範囲 (LaQue[6])

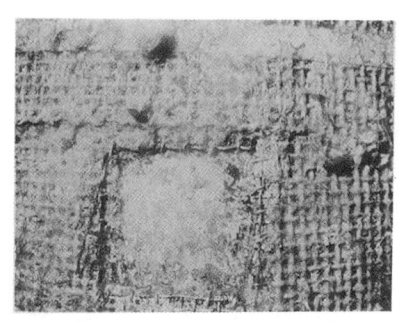

図2 鋼管杭表面に生成したエレクトロコーティング (中央部分) (熊田[7])

ています.

図2は,茨城県波崎町にある「漂砂観測桟橋施設」にある鋼管杭に,エレクトロコーティングによる防食施工を行ったときの試験体表面の状況です.この写真は,$CaCO_3$ や $Mg(OH)_2$ を主成分とした電着物が金網主体の鉄骨鋼構造物に析出したときの外観が示されています.

図3は,鋼管杭の円周面に電着したエレクトロコーティングの水位方向の厚みの分布を示したものです.漂砂による摩耗や波浪などの海象条件が厳しく,海生生物が繁茂するような海洋環境であっても,対象とした3本の鋼管杭 (No.9〜11)

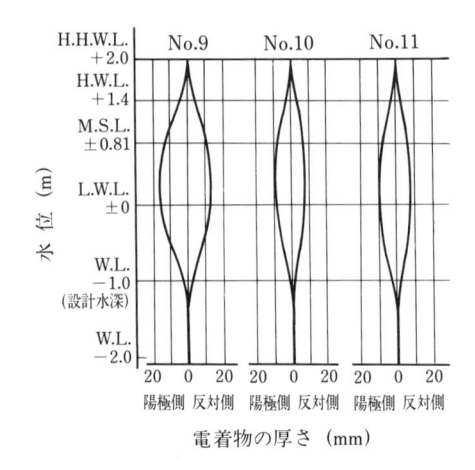

図 3 No.9-11 の橋脚用鋼管杭表面に生成したエレクトロコーティングの厚さ分布の例 (熊田[7])

表面には，厚さ 10～20 mm のエレクトロコーティングが付着していました．

なお，この海域では漂砂によって水深が L.W.L. (Low Water Level) 付近から水深 −2.2 m 付近まで変動し，鋼管が砂に埋没している間はエレクトロコーティングの析出は認められませんでした．

通電停止後 1 年 7 ヶ月経過した時点で，鋼管杭の肉厚を超音波厚み計で実測した結果，無処理の腐食量は約 2 mm であったのに対して，エレクトロコーティングで被覆された鋼管杭の腐食量はゼロでした．

このエレクトロコーティングは，海洋土木分野では，港湾施設（鋼管杭の電着防食や鉄筋コンクリート構造物の電着防食・補修），社会開発分野では水産養殖施設（電着魚礁，電着藻礁）などに適用され，防食性能を発揮しています．

参考資料
1) 日本学術振興会：金属防蝕技術便覧, p.381 (1957)
2) 防食腐食協会：防食技術便覧, p.702 (1986)
3) 例えば，NACE：Corrosion Engineer's Reference Book 2nd-Edition, p.8 (1991)
4) 例えば，V. Ashworth, C. J. L. Booker：Cathodic Protection theory and practice, p.73 (1986)
5) 例えば，F. L. LaQue：Marine Corrosion Causes and Prevention, p.206 (1975)
6) F. L. LaQue：Corrosion, Vol.6, No.5, p.161 (1950)
7) 熊田　誠：材料と環境, Vol.42, No.3, pp.179–181 (1993)

67 各種耐食性金属のすき間腐食や孔食を防ぐために電気防食の適用は有効ですか？

> 耐食性金属でも電気防食により腐食の防止および抑制は可能です．したがって，すき間腐食や孔食も電気防食の適用により防止できます．その場合の電気防食条件は電位をそれぞれの材料の防食電位以下に維持することですが，その際必要とされる防食電流密度は溶存酸素の拡散限界電流密度相当の値で $10 \sim 100 \, \mathrm{mA/m^2}$ であることが，実暴露試験や実験室的試験で確かめられています．

ステンレス鋼のような不働態化する材料の場合，すき間腐食は孔食に比べて発生しやすいため，電位をすき間腐食防止電位(すき間腐食再不働態化電位)以下に保持する電気防食条件を設定することで腐食を防止することができます．その値は海水中の SUS 304 鋼の場合，およそ $-400 \sim -500 \, \mathrm{mV}$ vs. SCE です．しかし，流電陽極方式による電気防食の場合，実構造物の電位を制御することは難しいので，所定の電流密度設計による制御が行われるのが一般的です．

試験的に電気防食が適用された結果によると，口絵写真[1]に示すように，ステンレス鋼のすき間腐食や孔食に対する防食効果は認められています．その防食電流密度は図1に示すように，$10 \sim 100 \, \mathrm{mA/m^2}$ であり，炭素鋼とほぼ同じ管理条件でよいことが確認されています．モネル等のほかの高耐食性金属に対する有効な

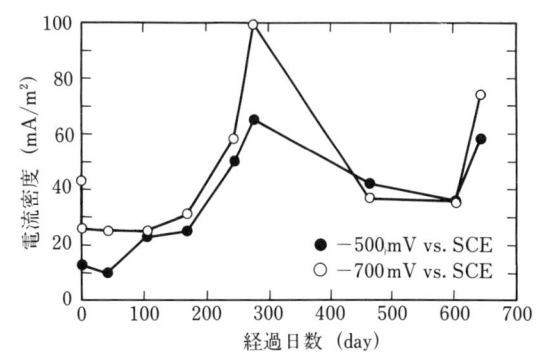

図1 各種設定電位における SUS 304 の維持電流密度経時変化[1]
(駿河湾暴露試験帯 D-7-2, D-8-2)

防食電流密度も 60〜100 mA/m² の範囲であることが，実験室や実用環境での試験結果から確認されています[2]．このような知見から，高耐食性金属被覆材を飛沫帯から干満帯にかけて用いた場合の異種金属接触腐食の防止を含めた海中部の電気防食は，従来の炭素鋼で使われていた犠牲陽極の発生電流で十分に所期の電気防食の目的が達成されます．

参考資料
1) 鋼材倶楽部：海洋構造物の耐久性向上技術に関する研究 (その16), p.76 (1999)
2) Thomas. P. May and H. A. Humble：Corrsion, Vol.8, pp.50–56 (1950)

Coffee Break 8　チタン溶射被膜電極を用いた電気防食工法

　本工法はコンクリート構造物中の鉄筋の電気防食法の1つで，工事費のコストダウンに成功した工法です．大気中に暴露されているコンクリート構造物用の電気防食については，10年ほど前から実用レベルでの施工が始まっていますが，塩害対策の中心的な工法には至っていません．その最大の原因はコストでした．従来の工法との比較では，直接工事費で30数%のコストを下げることに成功しました．これによって，ライフサイクルコストはもとより，イニシャルコストにおいても優位性が出てきました．

　本工法は，チタン線をコンクリート表面にアーク溶射した後，電極活性剤を噴霧し，アノード電解によって酸化被膜をつくり電極とするものです．

　電気防食は，社会資本であるコンクリート構造物の耐久性の向上に対して今後，重要な役割を果たしていくものと思われます．

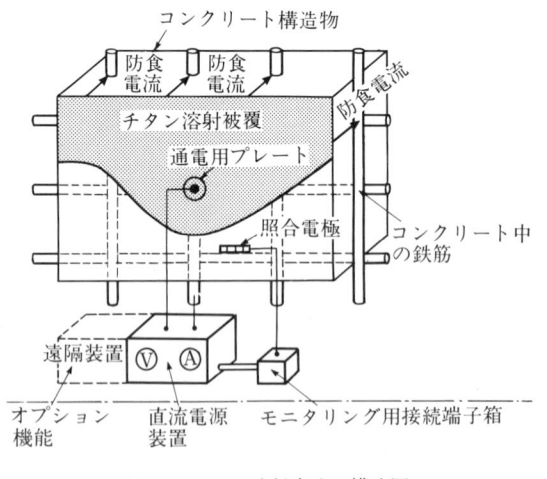

図1　チタン溶射方式の模式図

68 電気防食と塗装の組合せによる複合防食の効果について教えて下さい．

海水中や海底土中に限定して経済性を考えた場合，電気防食単独の方が経済的であることが多いようです．しかしながら，塗装と電気防食の併用は，防食技術の信頼性を向上させるという技術上の利点が多いことから，安全性や長期の耐用年数が期待できる防食方法です．

(1) 塗装と電気防食の併用の経済性

一定の耐用年数における $1\,\mathrm{m}^2$ 当たりの電気防食コストを C_{cp}，塗装コストを C_p とします．塗装と電気防食を併用した場合の電気防食コストの低減率を r とすると，塗装と電気防食を併用した場合のコストが，電気防食単独のコストより小さくなるための条件は，

$$C_p + rC_{cp} < C_{cp}$$

より，

$$\frac{C_p}{C_{cp}} < 1 - r$$

これは，r（適用される塗装系）によってコストの大小関係は異なることを意味しています．r を塗膜のはく離率と同等に考え，塗装系として無機ジンクリッチペイント $75\,\mu\mathrm{m}$ ＋変性エポキシ樹脂塗料 $300\,\mu\mathrm{m}$ のような電気防食との併用に適した塗装を使った場合，50年の耐用年数では 0.25 程度[1]のはく離率を考える必要があることから，塗装と電気防食の併用が経済的となるためには，$C_p/C_{cp} < 0.75$ である必要があります．これは，通常満足されないことが多いので，経済性では電気防食単独の方が優れていることが一般的です．

一方，最適防食仕様を決定する場合には，経済性と信頼性の両面を考える必要があります．比較的耐用年数の短い構造物については，防食仕様の信頼性が低くても構造物の劣化に対する影響は少ないと考えられますから経済性を重視するのが合理的ですが，耐用年数の長い構造物に対しては信頼性を重視することが重要と思われます．

塗装と電気防食の併用は，後述するように，防食技術の信頼性を向上させるという技術上の利点が非常に多くあるため，現在，安全性や大きな耐用年数を期待される本州四国連絡橋，関西空港連絡橋および東京湾横断橋などの構造物に適用されています．

(2) 塗装と電気防食の併用の技術的効果

塗装と電気防食の併用では，防食電流は主として塗膜欠陥部に流れますから，平均の防食電流密度は低減し，陽極の取付け間隔が増大します．また，図1に示すように，電気防食の電位分布を均一化させるという効果をもたらします．そのため，電位分布を不均一化するような条件下，例えば，潮流の激しい環境，河川水の流入によって抵抗率が変化する環境，形状の複雑な構造物のような場合には，最適な防食方法といえます．

	杭2Cは全面塗装
2C	厚膜型無機 　ジンクリッチペイント (75μm) 　　　　＋ 　ガラスフレーク入り 　　ポリエステル樹脂塗料 (150μm×2)

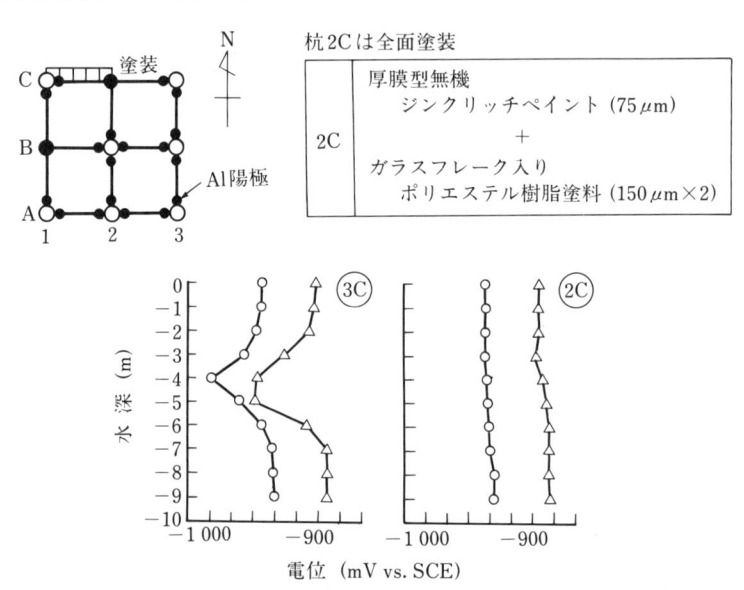

図1 駿河湾海洋暴露試験施設本体の各杭の電位分布経時変化（「海洋構造物の耐久性向上技術に関する共同報告書」[1])

一方，電気防食は防食対象面のpHを上昇させますから，過度の分極は，塗膜の劣化につながる恐れがあります．そのため，種々の塗装系によって電位の下限値[2]が提案されています．適用される塗装系についても，耐アルカリ性を有する耐久性，絶縁性の高いものが要求されます．電気防食と併用する際の適正な塗装系として表1が提案されていますが，これらの塗装系の場合，電位の下限値は $-1\,050\,\text{mV vs. SCE}$ 程度とされています．これは，AlまたはZn陽極を用いた流電陽極方式では，過防食への配慮はまったく必要ありませんが，外部電源方式による電気防食では，注意が必要です．

表1　電気防食と併用する塗装系

工程		I	II	III
下地処理		除錆度：Sd2以上またはSh2以上，表面粗さ：35~70μmRz		
第1層	塗料の種類 乾燥膜厚	無機ジンクリッチペイント 75μm		エポキシ樹脂ジンクリッチペイント 75μm
第2層	塗料の種類	ミストコート (変性エポキシ*樹脂塗料)	ミストコート (厚膜型エポキシ樹脂塗料)	専用プライマー
第3層	塗料の種類 乾燥膜厚	変性エポキシ*樹脂塗料 150μm	厚膜型エポキシ樹脂塗料 150μm	ガラスフレーク入りポリエステル樹脂塗料 500μm
第4層	塗料の種類 乾燥膜厚	変性エポキシ*樹脂塗料 150μm	厚膜型エポキシ樹脂塗料 150μm	ガラスフレーク入りポリエステル樹脂塗料 500μm
合計膜厚		375μm	375μm	1075μm

(備考) *印の塗料は，参考資料2)の報告書では，タールエポキシ樹脂塗料であるが，現在は使用されていないので，変性エポキシ樹脂塗料とする．
(出典) 「海域における土木鋼構造物の電気防食に関する共同研究報告書」[2]

参考資料
1) 建設省土木研究所，土木研究センター：海洋構造物の耐久性向上技術に関する共同研究報告書(海中部における電気防食技術に関する第3分科会電防部会), p.63 (1995)
2) 建設省土木研究所，土木研究センター：海域における土木鋼構造物の電気防食に関する共同研究報告書—海域における土木鋼構造物の電気防食指針(案)・同解説— (1991)

69 鋼管杭，鋼管矢板，鋼矢板の電気防食の施工方法について教えて下さい．

電気防食法には流電陽極方式と外部電源方式の2方法があります．施工にあたっては，現場の立地環境等を十分に考慮するとともに，Q77 に示す関連する諸規則に準拠し施工計画をたてなければなりません．また，海洋構造物の場合は，工事着工前に海上保安庁への届出が必要です．

電気防食法には流電陽極方式と外部電源方式とがありますが，現在は経済性やメンテナンスが容易なことから流電陽極方式の電気防食が主流になっています．外部電源方式の電気防食は特殊な環境以外には使われていません．その理由としては，設計上の複雑さや，施工面で専門的な知識を有する技術者が必要なこと等があげられます．

したがって，ここでの施工方法は流電陽極方式の電気防食について述べます．施工の手順を図1のフロー[1]に示します．

陽極の取付けは，陸上での溶接による取付けが望ましいのですが，土木鋼構造物の場合は構造物の施工後になるため，水中溶接によって取り付けられることが一般的です．

陽極数量の確認は現場に搬入された陽極の数量が取付け数量と同じであるのか確認を行わなければなりません．

陽極の取付け位置の付着物の除去およびマーキングは，現場にて潜水士が設計図面に基づいて取付け位置の付着物をスクレーパー等によって除去し，水中用のチョーク等で取付け位置をマーキングします．

陽極の吊下げは，クレーン等によって行います．取り付ける陽極にはあらかじめ焼きなまし鉄線を取り付けておき，防食対象物に取り付けてある仮止め用のフックに吊り下げます．また，陽極は陽極の取付け金具をすみ肉溶接により取り付けます．場合によってはクレーン等で吊り下げた陽極を直接，所定の位置に水中溶接で取り付けることもあります．なお，陽極の取付けは水深の深い部位から浅い部位に向けて作業を行えば，潜水士が減圧する上で好ましく，また作業性の向上にもなります．

陽極の取付け状況の確認は，設計書どおりの陽極が所定の位置に取り付けられていることを潜水士によって確認しなければなりません．また，個々の陽極につ

```
       ┌─────────────────┐
       │  陽極数量の確認  │
       └─────────────────┘
                │
       ┌─────────────────┐
       │   付着物の除去   │
       └─────────────────┘
                │
    ┌───────────────────────────┐
    │ 取付け位置のマーキングの確認 │
    └───────────────────────────┘
                │
       ┌─────────────────┐
       │   陽極の吊り下げ  │
       └─────────────────┘
                │
        ┌───────┴───────┐
  ┌───────────┐   ┌─────────────────┐
  │ 陽極の取付け│   │電位測定装置の取付け│
  └───────────┘   └─────────────────┘
        │                 │
┌───────────────────┐     │
│陽極の取付け状況の確認│     │
└───────────────────┘     │
        │                 │
        └───────┬─────────┘
            ┌───────┐
            │ 終 了 │
            └───────┘
```

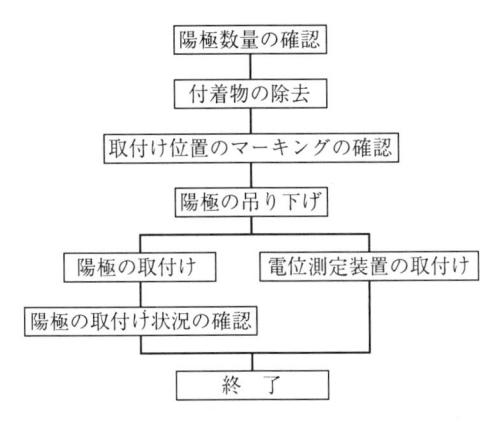

図1 流電陽極方式の施工手順（「海域における土木構造物の電気防食に関する共同研究報告書—海域における土木鋼構造物の電気防食指針（案）・同解説—」[1])

いては溶接長，のど厚，脚長等の確認をあわせて行うとともに，陽極の取付け状況は取付け数量の5%程度の写真撮影を行うとされています．なお，このとき必要に応じてモニタリングとしての電位測定装置を取り付け固定する場合があります．

参考資料
1) 建設省土木研究所・土木研究センター：海域における土木構造物の電気防食に関する共同研究報告書—海域における土木鋼構造物の電気防食指針（案）・同解説—, pp.34-35 (1991)

70 電気防食の防食性能の確認方法とその留意点を教えて下さい．

　電気防食の防食性能の確認は，一般には電位測定によって行われます．その際には，陽極から最も遠い，防食電流の供給が少ない位置でも防食電位を維持しているかどうかが重要です．また，外部電源方式で塗装との併用を行っている場合は，陽極近傍が過防食になっていないかなどに注意する必要があります．

　海域における鋼構造物の電気防食の維持管理は，「海域における土木鋼構造物の電気防食指針（案）」[1]や「港湾鋼構造物防食・補修マニュアル」[2]等に準じて行われます．

　海域の鋼構造物の電気防食で主に用いられる流電陽極方式は，維持管理が容易で，被防食体の電位をチェックするのみで防食状態を把握できる利点があります．しかし，供用期間中には，船舶の衝突や浚渫作業などによる陽極の脱落，海域の水質汚染等環境条件の悪化，塗膜の損傷や劣化による防食面積の増加等により防食状態の維持が困難になる場合があります．したがって，定期点検を行って防食管理電位（Coffee Break 9 参照）を満足しているのを確認し，異常が認められる場合は，詳細点検によりその原因を明らかにし，適正な補修を行い防食状態を維持するように努める必要があります．図1に代表的な電気防食の管理手順を示します．また，用語の解説を以下に記しました．

電気防食の防食性能の確認に関する用語

(1) 定期点検

　流電陽極方式の場合は，特に明記されていませんが，1年に最低1回の点検は必要と思われます．外部電源方式の場合は，2ヶ月に1回が標準とされています．

(2) 電位測定

　海水中の電位測定は，内部溶液に海水を充填した銀/塩化銀照合電極（以下 Ag/AgCl/(海水) と表示します）を用いて行われるのが一般的です．この照合電極の電位は標準水素電極（SHE）に対して，約 250 mV（25℃）[3]です．

　電位測定位置の選定はマニュアルに明記されていますが，全域の防食状態の確認と過防食点検の観点から，陽極近傍と陽極から最も遠い地点は必ず測定する必要があります．

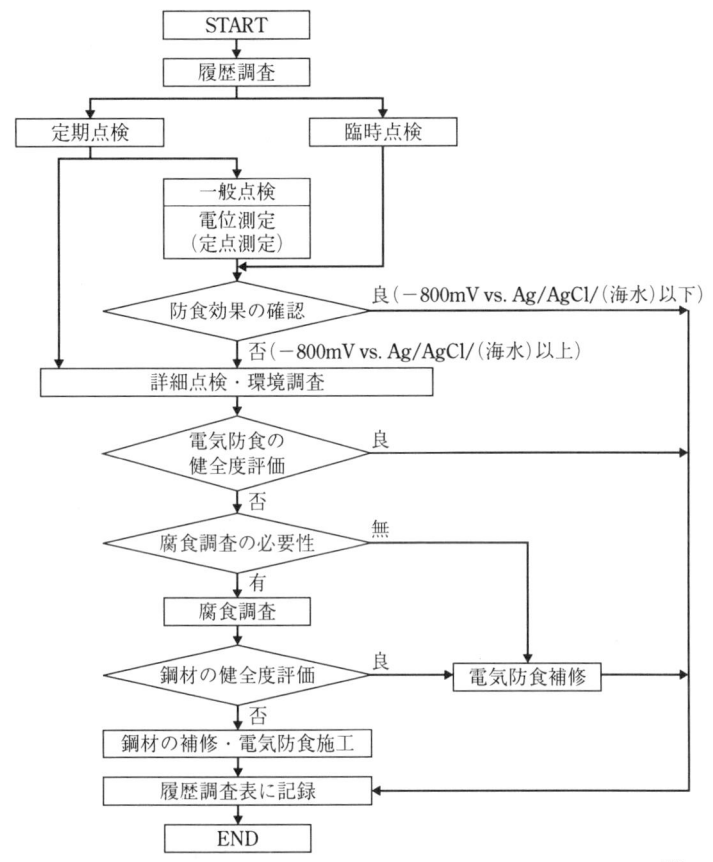

図 1 電気防食の維持管理の手順 (「港湾鋼構造物防食・補修マニュアル」[2])

炭素鋼の場合, 測定値は表 1 の防食管理電位によって評価されます. この防食管理電位は, 元来, 飽和カロメル電極 (SCE) 基準の値として設定されたもの[1]ですが, Ag/AgCl/(海水) と SCE の電位が近似している (Coffee Break 9 参照) ことから Ag/AgCl/(海水) 基準として適用しても特に問題ないと考えられています.

また, 管理電位は, なんらかの環境変化や不測の事態などにも弾力的に対応できる電位である必要があることから, 通常の防食電位より卑な安全側の値に設定されています. すなわち, 一般海域の場合, 測定電位が $-800\,\mathrm{mV}$ vs. Ag/AgCl/(海水) 以下 (卑) であれば, 防食状態を維持しているとしてかまいませんが, $-800\,\mathrm{mV}$ vs. Ag/AgCl/(海水) より大きい (貴) 値を示した場合は, 部分的に防食状態が保たれていない可能性が考えられますから, 詳細点検を行う必要があります.

一方，外部電源方式で塗装と併用している場合などは，Q68 に示すように，過防食（-1050 mV vs. Ag/AgCl/(海水) より低い電位) に注意する必要があります．

表1　管理電位
(単位：mV vs. Ag/AgCl/(海水))

環境＼電気防食の種類	電気防食法	複合電気防食法(塗装併用)
一般海域	-800 より卑	$-800\sim-1050$ の間
汚染海域	-900 より卑	$-900\sim-1050$ の間
潮流海域	-800 より卑	$-800\sim-1050$ の間

(3) 詳細点検

詳細点検は，上記電位測定以外に以下のような調査が行われます．
　①陽極の消耗量調査
　②陽極からの発生電流の測定
　③モニター用プローブを回収しての防食状態の調査
　④外部電源法による防食では回路の導通または絶縁状態の調査等

(4) 環境調査

環境汚染は防食電流密度に影響を及ぼす可能性があるため，水質と底質の分析を行います．一例として，汚染の程度を［$(NH_4^+(ppm)+1/Cl^-(\%)$)］で表し，この値（汚染指標）が 0.8 以上では通常の防食電流密度 100 mA/m^2 では防食電流密度が不足する可能性があると指摘されています．

(5) 電気防食の健全度評価

詳細点検，環境調査をもとに設計仕様との差異を明確にする作業を行います．

(6) 電気防食補修

防食電流が不足している場合，流電陽極材の追加や印加電位の上昇などにより防食電流を増加させますが，それにより，陽極近傍が過防食になるような場合は，陽極間隔を狭くし，1本当たりの発生電流を低減させるか防食電流の不足する箇所のみに流電陽極を追加するなどの対策を講じます．

参考資料
1) 建設省土木研究所，土木研究センター：海域における土木鋼構造物の電気防食に関する共同研究報告書—海域における土木鋼構造物の電気防食指針（案）・同解説—, p.37 (1991)
2) 沿岸開発技術研究センター：港湾鋼構造物防食・補修マニュアル, pp.155-165 (1997)
3) 腐食防食協会：金属の腐食・防食 Q & A, p.147 (1988)

Coffee Break 9　防食電位と照合電極の関係

　電位は，対象となる金属と照合電極との差として測定されますが，照合電極の電位が種類によって異なるため，炭素鋼の防食電位でも使用する照合電極によって図1のような違いが生じます．したがって，電位の表示には必ず使用した照合電極を明示しなければならないことになっています．

　海水中の電気防食で用いられる照合電極は，最近まで飽和カロメル電極（一般にSCEと記述されます）が中心でしたが，水銀を用いていることから，1997年に「港湾鋼構造物防食・補修マニュアル」[2]が改訂されたのを契機として，海水環境下では海水銀・塩化銀電極に変わってきています．この照合電極は，SCEに対して約10 mV貴な電位を示すことから，防食電位も現在では，-780 mV vs. Ag/AgCl/Sea-Water と表示されることが多くなりました．ところで，この照合電極の表示は，Ag/AgCl や SSE (Silver Silver-Chloride Electrode) として表示されることもありますが，銀・塩化銀照合電極には，内部溶液の異なる複数の照合電極が存在することから，Ag/AgCl/Sea-Water のように内部溶液も明示した表示が望ましいといえます．

　また，電気防食の維持管理では， Q70 にも示すように，防食上必要な上限電位（最貴電位）とは別に安全性を考慮した防食管理電位が通常の防食電位よりやや低電位（卑電位）側に設定されており，定期的な点検時にはこの電位が防食効果の判定の目安になります．一般的な条件下では，海洋構造物の防食管理電位は -800 mV vs. Ag/AgCl/Sea-Water に設定されています．

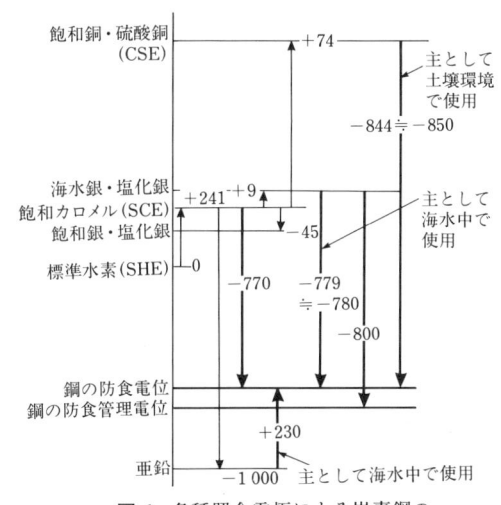

図1　各種照合電極による炭素鋼の防食電位（25°C）

参考資料
1) 水流　徹，田　大熙，春山　志郎：防食技術, Vol.34, No.1 (1985)
2) 沿岸開発技術研究センター：港湾鋼構造物防食・補修マニュアル, p.53 (1997)

71 海洋鋼構造物の防食に関する点検方法と留意すべき事項について教えて下さい．

定期的に実施する一般点検と台風，地震など異常時に実施する臨時点検が行われます．この点検で鋼材や防食材料に異常が発見された場合，および電気防食の陽極が設計寿命に近づいた時点で詳細点検を実施します．

図1に示しますように，施工後の施設の維持管理が設計計画どおりに機能していることを確認するために「一般点検」が定期的に行われます．

一般点検は，重防食被覆に関しては船上からの目視観察，電気防食に関しては電位測定が基本となります．

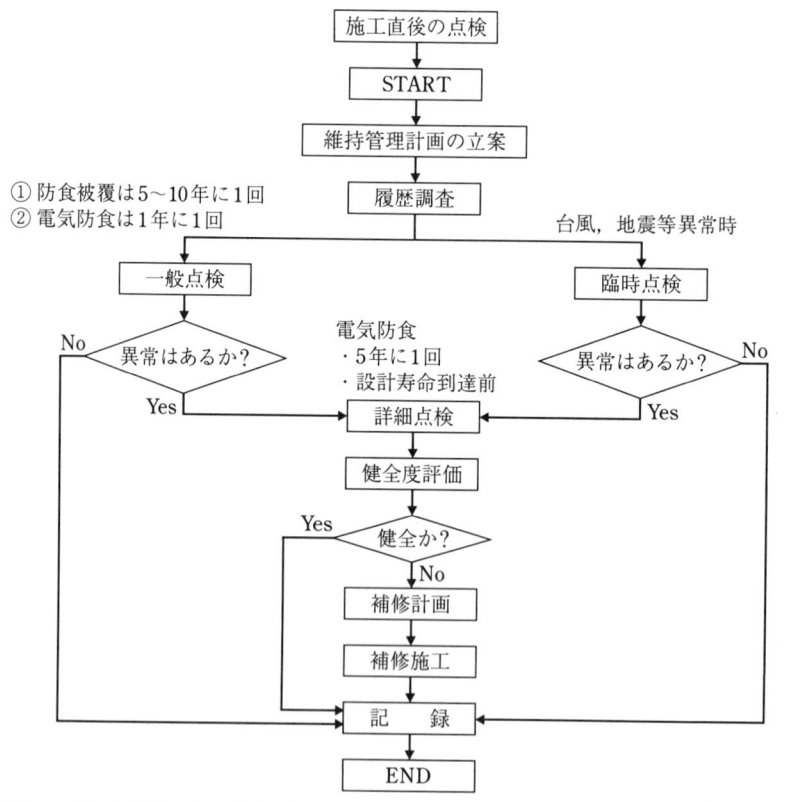

図1 重防食被覆および電気防食の維持管理手順の例（「防食ハンドブック」[5], p.6-3）

重防食被覆と電気防食は耐久性に優れているので，著しい環境の変化がなければ，安定した防食状態が長期間にわたって維持されます．したがって，一般点検の頻度は，重防食被覆に関しては5～10年に1回程度，電気防食に関しては1年に1回程度で十分です．台風や地震，あるいは船舶の衝突などの異常時に物理的な衝撃を受けて被覆材に傷，割れ，はく（剝）離，変形等の損傷や陽極の脱落等が発生することがあります．したがって，このような場合には適宜臨時点検を実施し，異常の有無や程度を確認します．

定期的に実施する一般点検や，異常時に実施する臨時点検の結果，異常が発見された場合や，電気防食に関して陽極が設計寿命に近づいた場合には，詳細点検を実施します．詳細点検として，重防食被覆では付着物を除去し，被覆の損傷状況と鋼材の腐食状況を調査して記録に残すとともに，健全度を評価して補修の要否を判断します．電気防食では細部にわたる鋼材の電位測定，陽極取付け個数の確認，陽極の消耗状況，水質調査等を実施して，電極の更新の要否を判定します．

以上の点検・調査を表1にまとめました．

表1　海洋鋼構造物の点検および調査の分類

防食された鋼構造物	無防食状態の鋼構造物
(1) 履歴調査(現地踏査を含む)	(1) 初期調査
(2) 防食工法の点検	a) 履歴調査
a) 定期点検	b) 現地踏査
①一般点検	c) 鋼材の腐食評価調査
②詳細調査	d) 現地調査
b) 臨時点検	e) 鋼材の補修対策調査
c) 現地調査	(2) 定期調査
(3) 鋼材の調査	防食された海洋鋼構造物の
腐食調査	点検・調査フローと同じ

以上の維持管理計画を具体的に策定する場合の参考指針になる書籍を「参考資料」に記します．

参考資料
1) 建設省土木研究所，鋼管杭協会：海洋鋼構造物の防食指針・同解説 (1990)
2) 建設省土木研究所，土木研究センター：海域における土木鋼構造物の電気防食に関する共同研究報告書—海域における土木鋼構造物の電気防食指針（案）・同解説 (1991)
3) 東京都港湾局：東京湾腐食対策手引書（改定案）(1994)
4) 沿岸開発技術研究センター：港湾鋼構造物 防食・補修マニュアル (1997)
5) 鋼管杭協会：防食ハンドブック—設計・施工・維持管理 (1998)
6) 防食・補修工法研究会：港湾鋼構造物—調査診断・防食・補修工法［実務ハンドブック］(1999)

72 海洋鋼構造物の補修時期の判定方法について教えて下さい．

　それぞれの防食工法で定められた維持管理の手順にしたがって点検・調査し，得られたデータに基づいて防食性能の健全度の評価を行います．防食性能が当初の防食設計より低下している場合は，補修もしくは補強方法とその実行時期を立案します．劣化が著しい場合には，現状の防食工法の見直しを含めた早急の対策と実行が必要です．
　防食が施されていない場合，海洋鋼構造物の腐食速度が当初設計よりも大きければ，対象施設の耐用年数を回復するため早急の補修・補強や必要に応じた防食工法を適用しなければなりません．

　海洋鋼構造物の設計機能は，その施設の重要性に即した材料によって維持されています．しかし，施設が使用される環境は時の経過とともに変化しますので，施設の維持管理を欠かすことはできません．
　最初に維持管理基準に基づいた

「点検・調査結果の整理」→「健全度(劣化度)評価」

を定期的に行います．また，必要に応じて詳細調査を行い，その結果を評価・判定します．次に，このような評価・判定結果に対応した補修・補強の立案を図ります[1]．これらの手順を図1(防食工法を適用している場合)および図2(無防食の場合)に分けて示しました．
　以上のような調査を行うことで，防食法の劣化や構造材の腐食によって当該施設の機能が低下する恐れがある場合でも，必要な補修もしくは補強の計画が立てられます．補修・補強計画の立案には，図3に示したように，施設の耐用年数の回復とそのための補修・補強時期があわせて考慮されます[2]．

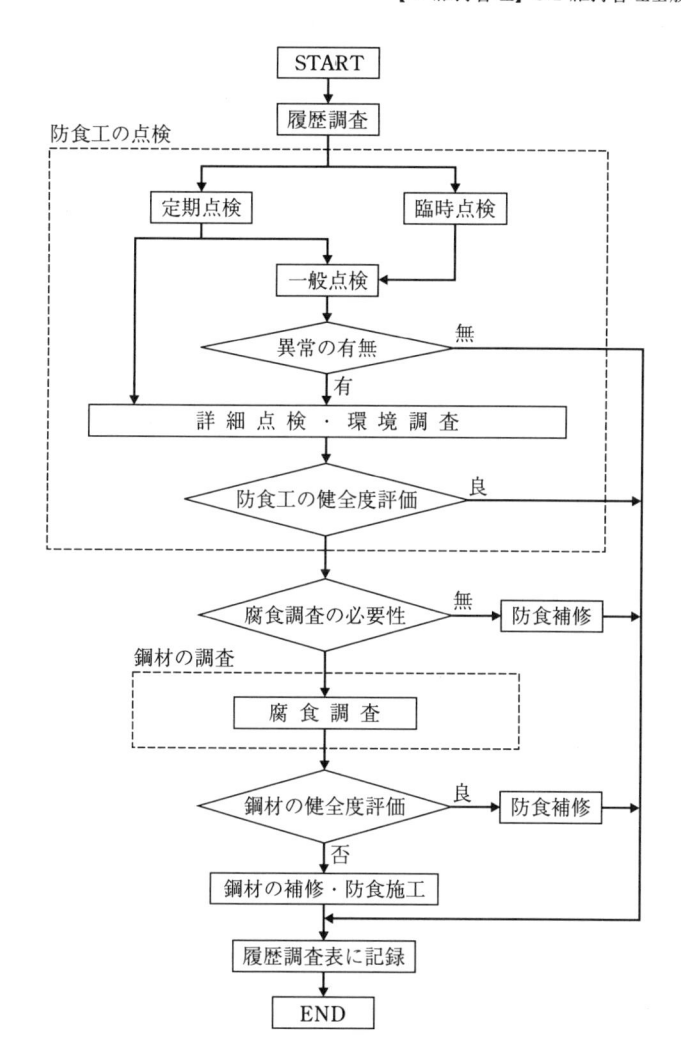

図1 防食工法適用状態の海洋鋼構造物の点検・調査フロー(「港湾鋼構造物調査診断・防食・補修工法［実務ハンドブック］」[1])

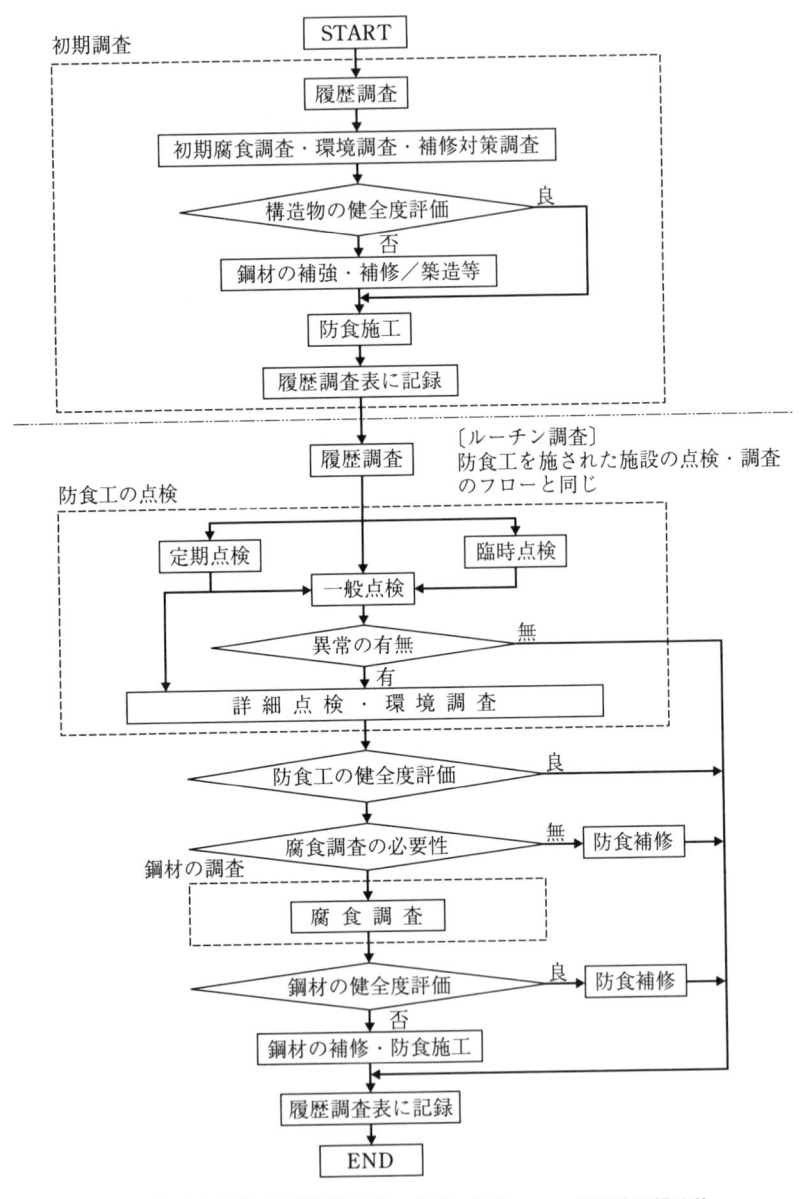

図 2 無防食状態の海洋鋼構造物の点検・調査フロー（「港湾鋼構造物調査診断・防食・補修工法［実務ハンドブック］」[1]）

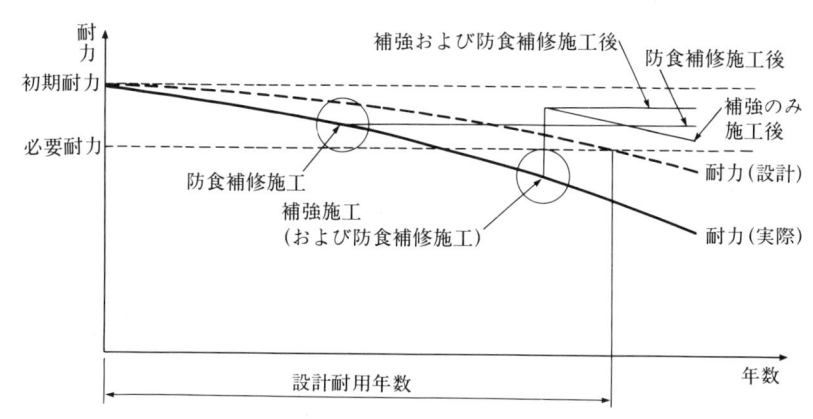

図3 防食補修および補強による耐用年数延長の考え方．当初無防食の場合（「防食ハンドブック」[2]）

参考資料
1) 防食・補修工法研究会：港湾鋼構造物──調査診断・防食・補修工法［実務ハンドブック］(1999), pp.1-4〜1-5
2) 鋼管杭協会：防食ハンドブック, p.6-12 (1998)

73 海洋鋼構造物の余寿命予測をする方法を教えて下さい．

> 海洋鋼構造物の腐食・劣化量を経時的に測定することにより，その年間腐食速度から残存耐用年数を算定します．実測値がばらついている場合が多いので，統計処理により実測値の平均的な特性と極値的な特性とから，材料の劣化程度を評価することも必要です．

一定期間の腐食量の測定を行うことによって，(1) 式より腐食速度 (V_c) を算出し，その時点での残存腐食許容量 (c_{ar}) を腐食速度 (V_c) で除した値が，余寿命 ((2) 式) に相当します．

$$V = \frac{c}{y_c} = \frac{t_0 - t}{y_c} \tag{1}$$

$$Y = \frac{t_v - c}{V} = \frac{c_{ar}}{V} \tag{2}$$

上式の記号の内容は次のとおりです．V：年間腐食速度 (mm/yr)，c：腐食量 (mm)，y_c：腐食期間 (yr)，t_0：初期肉厚 (mm)，t：現在肉厚 (mm)，Y：余寿命 (yr)，t_v：腐食しろ (mm)，c_{ar}：残存腐食許容量 (mm)．

電気防食が設置されている場合には，以下のように無防食期間と電気防食期間に分けて，それぞれの期間の腐食速度を算出します．

$$V_c = \frac{c}{y_c + (1-p)y_p} \tag{3}$$

$$V_p = \frac{c - V_c y_c}{y_p} \tag{4}$$

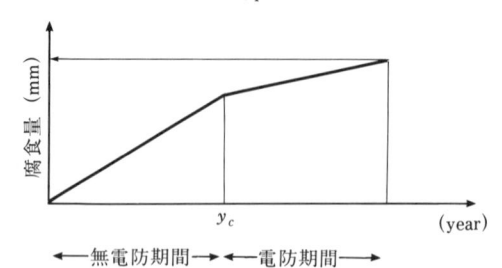

図1　無防食期間後 (y_c) に電気防食が設置された場合の腐食量の区別例

記号は次のとおりです．V_c：無防食期間における腐食速度 (mm/yr)，V_p：電気防食期間における腐食速度 (mm/yr)，y_c：無防食期間 (yr)，y_p：電気防食期間 (yr)，c：腐食量 (mm)，p：防食効率 (0.9)．

局部腐食による寿命評価も重要です．孔食の評価については，次式より実 (最大) 孔食深さを測定して，その腐食速度を計算し，貫通までの残存年数を予測評価をします．

$$実 (最大) 孔食深さ (mm) = (元厚 (mm) - 残厚平均値 (mm))$$
$$+ 計測最大孔食深さ (mm)$$

$$実 (最大) 孔食深さの腐食速度 (mm/yr) = \frac{実 (最大) 孔食深さ (mm)}{腐食期間 (yr)}$$

(注) 計測最大孔食深さはデプスゲージにより実測した範囲内の最も深い孔食をさします．

実際に測定される残厚は，腐食や劣化現象に一般的にみられる，ばらつきをもっています．そのばらついた実測値を平均値と極値 (最大または最小の値) に分類し，それぞれの数値を経年的に求めますと，それらのデータを用いてより確かな寿命予測が可能になります．図2は，実際の港湾設備で実測された鋼材の腐食減厚の

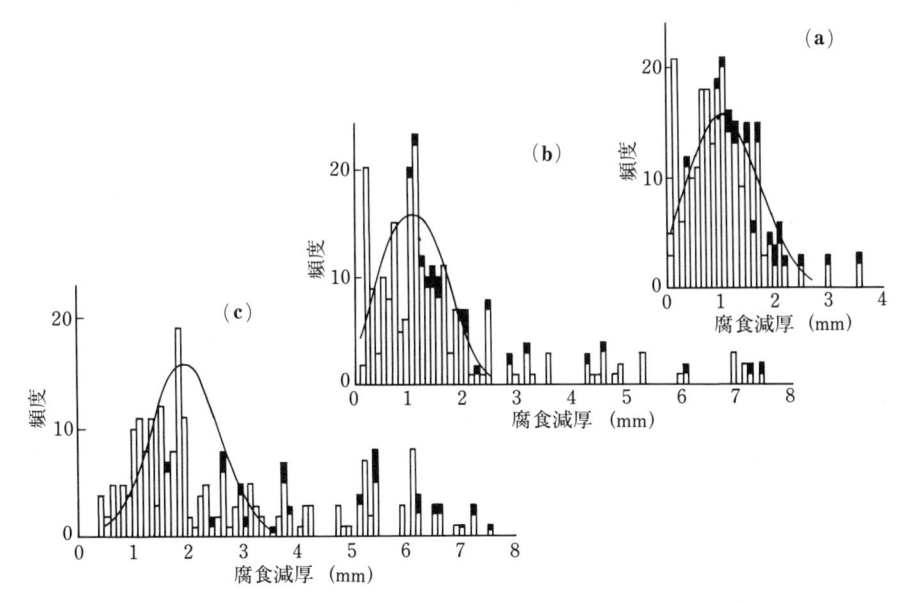

図 2 実際の港湾設備で実測された腐食量の頻度分布 (伊藤ら[1])

測定値を頻度分布図で示したもので，(a) は全面腐食型 (正規分布型) であるのに対して，(c) は局部腐食型 (極値分布型) に相当しています．その中間にあるのが (b) です．これらの実測値から得られた極値群を用いて極値統計処理した結果が図3です．図中に実測値から推定される最大の腐食減厚量 (X_{max}) が示されています．近年極値統計に関する計算ソフトが市販されていますので，図3のような解析が容易に行われるようになりました．

このようなデータを経年的に求めていけば，図4に示すようにより確かな設備の余寿命が推定できます．

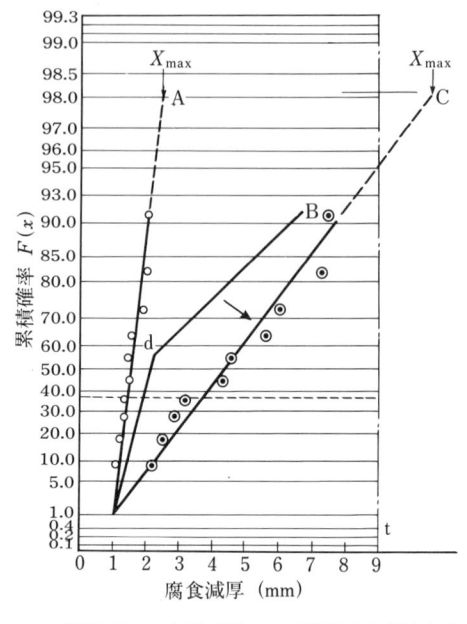

図3 極値プロット図 (図2の実測値から得られた極値群をプロットしたもの) (伊藤ら[1])

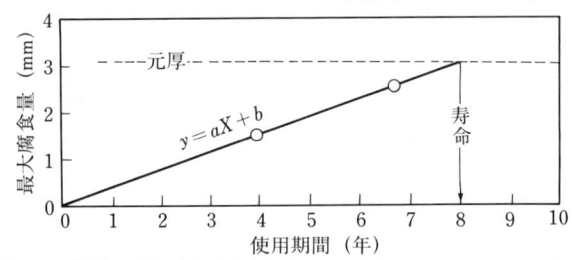

図4 腐食・劣化量の経年変化 (図中の○．この図は図1および2と無関係)(今川[2])

参考資料
1) 伊藤　叡，他：第28回腐食防食討論会予稿集, pp.113–116 (1981)
2) 今川 博之：プラントの余寿命評価, p.94 (1998, JIPM)

74 干満帯以浅で鋼材が激しい腐食損傷を受けた場合の補修方法とその耐久性について教えて下さい．

> 小規模の腐食損傷であれば，その箇所を同一鋼種で溶接補強します．また大規模の腐食損傷の場合，その損傷程度が構造上問題がないときには，ペトロラタムかモルタルによるライニング工法や電気防食を適用し，その損傷程度が構造上問題がある場合には，全面的な改修工事を行います．

無防食鋼材が激しい腐食損傷を受けている場合
　(1) 広い範囲での鋼材の減肉
　(2) ごく狭い範囲で板厚を貫通
のいずれかのケースが考えられます．

　(1) については，腐食診断を行い，無対策の場合に構造強度が設計強度を下回る時期を予測しなければなりません．(2) では，局部腐食の程度により将来的に構造物として機能を損なう恐れがあるか否かの検討が必要です．

　この診断結果によって，構造物として必要な機能を維持もしくは回復させるための補修，さらには補強の方法が選ばれます．

　(1) のケースで強度的に腐食損傷が激しいと判断された場合には，基本的に同一鋼種材料を使用して溶接で対象箇所を補強します．この補強工法は水深に関係なく取られる方法で，必要に応じて補強後溶接部に防食塗装を施します．

　(2) のケースでは，応力集中を受ける可能性が高い場合には (1) のケースと同じ補強対策をとります．しかし，その懸念が低い場合には，同鋼種による部分的な溶接補修を採用します．

　以上のような補強・補修の耐久性は，基本的にはそれ以外の箇所の耐久性より下回ることはありません．注意すべきことは溶接部の信頼性を確保することです．特に水中溶接については十分な溶接管理を行い，溶接箇所以外と同じような機能を付与できるようにすることです．

75 鋼管杭，鋼管矢板，鋼矢板などの腐食評価調査方法について教えて下さい．

> 海洋鋼構造物の定期的な腐食調査は目視観察によっています．これは定期的に行い，適宜詳細調査を加えながら，防食システムの劣化度を判定します．その過程で防食材料に異常が発見されたならば，臨時に防食性能の基本的な機能を「その場」で調査したり，必要な場合には防食材料を切り出し，実験室で状態を評価します．

鋼材の腐食は，防食材料や電気防食も含めた，いわゆる防食システムによって防いでいます．腐食調査では，防食システムの機能を定量的に評価することにより，鋼材の防食状態を評価します．

一般に防食された鋼材の腐食調査は目視観察を第一としています．これは定期的点検結果として記録されますので，過去の観察記録と対比しながら，現状の防食状態を診断することができます．目視観察では観察者の主観が入りやすいので，観察者の防食システムに対する高い知識と客観的な判断力が大切になります．

対象施設の供用開始後一定期間（例えば10年程度）を経過すると，目視観察に加えて防食材料のもつ防食性能を「その場」で実測し，これまでの鋼材に対する防食機能を評価するとともに，今後の防食機能の継続性を予測することも必要になります．例えば，塗装の場合には，塗膜のもつ(絶縁)抵抗の測定値から防食機能が設計どおりに発揮されてきたか否かを判断し，併せてその機能が今後どれくらいの期間維持できるかを推定します．その判断を確かなものにするためには，対象としている防食材料に関する基礎データが必要になります．

無防食の鋼材の場合には，鋼材の板厚測定かそれに代わる腐食速度相当の実測を行います．測定値には「ばらつき」があることに注意して統計的処理を行い，より確かな鋼材の腐食状況を把握することが望まれます．このような防食システムの機能評価から鋼材の腐食が予測される場合には，より詳細な防食性能の調査，例えば切り出した防食材料の実験室的試験などを追加する必要があります．

鋼管杭，鋼矢板の一般的な調査内容をフロー図で図1と図2にそれぞれ示します．

(主な調査方法)
1) 目視調査, 2) 肉厚測定, 3) 孔食測定
(主な調査対象鋼材の種類)
1) 鋼管杭, 2) 鋼管矢板, 3) 鋼矢板, 4) 鋼板セル

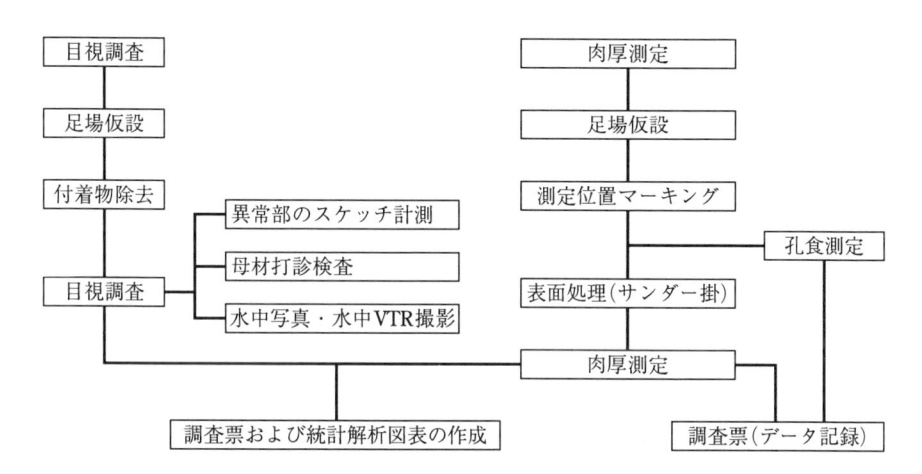

図1 鋼管杭の場合の調査内容 [1]

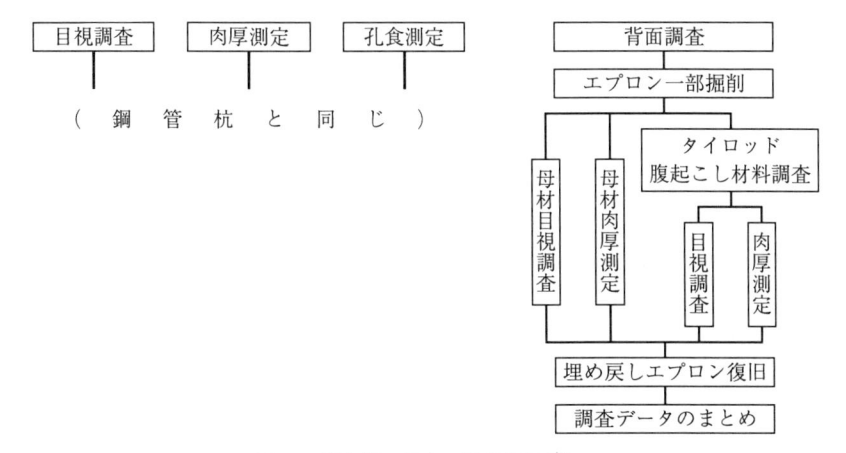

図2 鋼矢板の場合の調査内容 [1])

参考資料
1) 防食補修工法研究会：港湾鋼構造物 調査診断・防食補修工法, p.25 (1990)

76 腐食モニタリングについて教えて下さい．

　鋼材の腐食をモニタリングする方法として，電気化学的に測定する方法と，テストピースを用いる方法とがあります．電気防食ではそれ以外に，電防電位と防食電流をモニタリングする方法があります．金属被覆の場合には自然電位の測定が適用されることがあります．有機ライニングあるいは防食塗装では，皮膜抵抗の測定が腐食モニタリングとして利用されます．しかし，電気防食以外のモニタリングは現在でもまだ一般的ではありません．

　電気防食が適用されている施設には，防食状態を把握するために腐食モニタリングが活用されています．施設の建設の段階から電気防食状態を把握すべくモニタリング（電位測定と排出電流の定期的調査，およびテストピースによる電気防食効率の確認）装置が設置されることが一般的です．

　その他の防食工法が適用される施設では，特に規定された腐食モニタリングはなく，目視観察のみであることが一般的です．今後，維持管理の重要性が認識されるに伴い，より積極的な腐食モニタリングの技術開発が進むでしょう．

　目視観察により異常劣化が認められたときには，腐食モニタリングなどを用いた詳細調査を行うことになります．腐食モニタリングの目的は対象としている鋼構造物の状態把握にあります．実際の技術やシステムは次のようになっています．

(1) 腐食状態の評価

① 外観観察
　　簡単ですが，主観が働きすぎないように注意する必要があります．この点を補う方法として，写真撮影と画像解析により表面形状の評価が試みられています．

② 電位測定
　　主として電気防食評価に採用されており，鋼材の防食状態が推定できます．

③ 環境の分析
　　主に溶存酸素量や塩分濃度などの化学分析法により，腐食環境を評価します．

④ 防食材料の物性評価
　　鋼材の腐食よりも塗装や重防食など防食材料の耐久性を評価します．インピーダンスや絶縁抵抗を測定します．

(2) 腐食度の評価

① 暴露試験片などによる厚みの減少や腐食減量測定，あるいは超音波厚さ計を用いた鋼材の直接測定

これにはコンピューターと組み合わせた超音波厚み計による測定により，測定箇所の点の情報を総合して面として評価することで，より腐食状態を正確に把握する方法があります．

② 電気化学的手法

主に分極抵抗を測定します．交流インピーダンス法により得られる電極抵抗から「その場・その環境」での腐食速度を推算することが試みられています．

77 海洋鋼構造物の防食工事を行うに当たり，安全，環境対策上遵守すべき法令・指針について教えて下さい．

> 安全衛生，海上作業について決められた「諸法令・規則」に準拠するとともに，環境汚染や工事廃棄物の対策・処置についても配慮することが必要です．

　海洋鋼構造物の防食施工を実施するためには，関係法令や規程の指針などに準拠して，作業上の安全・環境対策に十分な配慮が要求されます．

　海洋鋼構造物の防食施工は，補修対策工事も含めて，海中または干満帯で行われるので，波浪や潮流，航跡波の影響を大きく受けます．これらに対する安全・環境対策を施工関係者は十分に講じなければなりません．

　以下に関係する法令・規程・指針を列挙します．

(1) 安全衛生に関する関係法令（主務官庁：厚生労働省）
① 労働安全衛生法　　　　　　② 労働安全衛生法施行令
③ 労働安全衛生規則　　　　　④ クレーン等安全規則
⑤ 高気圧作業安全衛生規則　　⑥ 粉塵障害防止規則
⑦ 有機溶剤中毒予防規則　　　⑧ 特定化学物質等障害予防規則
⑨ 酸素欠乏症等防止規則　　　⑩ 作業環境測定法施行規則

(2) 海上作業に関する関係法令（主務官庁：国土交通省）
① 港湾法　　　　　　　　　　② 港湾法施行令
③ 港湾法施行規則　　　　　　④ 港則法
⑤ 海上衝突予防法　　　　　　⑥ 海上交通安全法
⑦ 船舶安全法　　　　　　　　⑧ 船舶安全法施行令
⑨ 船舶安全法施行規則　　　　⑩ 船舶職員法

(3) 安全衛生対策の立案に参考となる図書
① 港湾工事安全施行指針（日本埋立浚渫協会，1994.3 改訂版）
② 潜水作業安全施行指針（日本潜水協会，1994.11 改訂版）
③ 港湾鋼構造物防食補修工事の安全作業標準（防食補修工法研究会，1992）
④ その他

(4) その他
　このほかに，環境に関する法令には，海洋汚染および海上災害に関する法律や廃棄物の処置ならびに清掃に関する法律（主務官庁：環境省）などがあります．

| Coffee Break 10 | 防食工事における潜水作業の心得 |

　海洋鋼構造物の防食工事には，多くの場合に潜水作業が必要になります．潜水作業にはさまざまな危険が予測されますために，潜水士の安全上の配慮が欠如しますと重大災害に繋がることがあります．したがって，潜水作業を行う場合，現場工事責任者は，各潜水士のもつ資格，技能，経験を十分に把握し，適切な作業を指示する必要があります．

　一般に潜水作業を行う場合には，潜水士は2人以上の組み作業として，潜水士への送気管理をする潜水送気員，潜水士の作業を陸上から補佐する潜水連絡員がそれぞれ1人ずつ必要です．そのほかに作業者への指示を行う潜水世話役，作業海域を警戒する警戒船の配置や潜水作業中に対外的に知らせるための国際信号「A」標識を設置するなどの処置が必要になります．一例を図1に示しました．

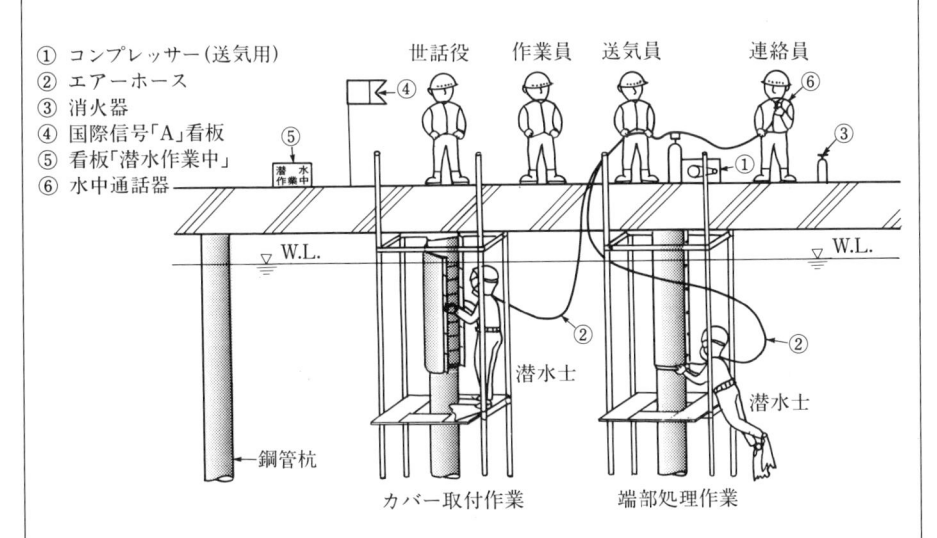

① コンプレッサー(送気用)
② エアーホース
③ 消火器
④ 国際信号「A」看板
⑤ 看板「潜水作業中」
⑥ 水中通話器

図1 潜水士による防食工事の作業の例示（「港湾鋼構造物調査診断・防食・補修工法［実務ハンドブック］」[1]）

参考資料
  1) 防食・補修工法研究会：港湾鋼構造物—調査診断・防食・補修工法［実務ハンドブック］, pp.3–26 (1999)

78 塗膜にふくれやさびなどの劣化が異常に早く認められることがあるのはなぜですか？

　塗膜の早期欠陥として，さびなどが発生する防錆上の欠陥と，つや引けや白化などの美観上の欠陥があります．この原因としては2つの要因が考えられます．1つ目は塗装系の適用を誤るなどの塗装設計の問題，2つ目として多液型塗料の混合ミスや塗装時の気象条件，素地調整程度などの施工管理の問題があります．

(1) 塗装系の選択
a) 新設塗装時

　新設塗装に対しては，被塗物の環境や期待耐用年数，経済性などで，いくつかの標準塗装系が用意されています．しかし標準的な条件で塗装仕様が組まれているため，部分的に水に没水したりする特殊な条件では，同一仕様の場合，早期に塗膜のはく離や発錆を生じることがあります．このため，あらかじめ環境，立地条件，部位，期待耐用年数を十分調査の上，塗装仕様を決定します．

b) 塗替え塗装時

　塗替え塗装時は旧塗膜の種類と現在の状態，今後の期待耐用年数を考慮して塗装仕様を決めます．特に耐久性を向上させたい場合は，旧塗膜の種類により適用できない（塗装時にちぢみや割れの欠陥を生じたり，早期にはく離を生じる可能性があるため）ことがあるので，旧塗膜の種類と付着状態を調査しておくことが大切です．

(2) 素地調整程度

　素地調整程度は塗膜の性能を支配する最も重要な因子で，その寄与率は50％を超えるといわれています．重防食塗装仕様は素地調整としてブラスト処理後，ジンクリッチペイントを下塗りとして採用する場合が多いため，ブラストにより十分な除錆と，適度な凹凸が得られないと，早期はく離や発錆の原因となります．

(3) 塗装施工

　仕様書どおりの施工を実施することが重要ですが，特に施工時の気象（気温，湿度，天候），正しい膜厚の維持，必要なときはごみや海塩粒子の水洗などが早期欠陥の防止に有効です．

(4) 気象条件

温度，湿度，風速，結露，雨などの気象条件は塗装時に大きな影響を与えますが，さらに塗膜の寿命にも影響します．降雨，強風下では塗装作業そのものが行えませんが，使われる塗料により限界が規制されています．一般的には温度10℃以上で湿度85%以下で塗装するように制限されています．ただし，無機ジンクリッチペイントのように，湿気硬化型塗料の場合は湿度が50%以上でないと硬化反応しないため注意が必要です．また低温時には，塗料によって低温用を用意してある場合もあるので，使用塗料を変更する必要もあります．

気象条件で早期に発生する欠陥として塗装直後の降雨による白化やはじき，低温時の硬化不良によるちぢみや付着不良があります．

塗装後の鋼材面の防錆性は雨や結露による濡れ時間が最も影響します．このため海洋環境では，海水成分の潮解性塩分付着により濡れ時間が長くなるため，腐食環境として最も厳しいといえます．

また耐候性の面では紫外線量が多いと塗膜の表面劣化が早く，白亜化や変色の原因となります．このため海岸部や日照量の多い地区は耐候性の観点から厳しい環境といえます．

(5) 構造物の部位の影響

構造物の形状は様々であり，部位によって密閉部や水のたまる部位，没水部などがあり，構造物によっては部位別に塗装仕様を決めておく必要があります．

79 塗膜の調査・点検方法にはどのようなものがありますか？

　塗膜の調査・点検方法には様々なものがありますが，調査の目的により内容が異なります．調査目的には，①調査・維持管理(劣化状態の評価および塗替え時期の判定)，②研究開発(耐久性・寿命評価の研究)，③トラブル対策(原因の究明と対策および予防措置への反映)などがあり，調査・点検方法として目視調査，計器調査，分析調査，環境計測等を行います．

(1) 塗膜の劣化機構

　塗膜成分は主に有機高分子である樹脂と着色や防錆のため配合された顔料であり，これらが被塗物の設置環境により経年で防食機能と美観機能が低下していきます．防食機能を高分子材料自体の劣化と考えた場合は，化学的劣化(酸・アルカリ，水，海水，油脂，有機溶剤など)と光(紫外線)，酸素，熱による劣化，電気化学的要因，機械的要因，微生物による劣化があります．

　一方，防食機能の低下が塗膜による腐食因子(酸素，塩分など)の遮断性の低下によると想定して，土木研究所と塗料メーカーは，駿河湾の海上暴露施設を用いて橋梁外面に使用される塗料を鋼材に塗装し，塗膜の劣化機構の共同研究を行っています．

　この研究では，塗装した鋼材のさび発生などの外観調査と，塗膜機能の変化として水蒸気透過性，酸素透過性，塩素イオン侵入度を経年で測定しています．塗膜下の鋼材変化を把握するため，電気化学的手法により分極抵抗を測定し塗膜除去後の鋼材面発錆程度と比較しています．この結果，塗膜の遮断性能は経年ではとんど変化がなく，初期の塗料の種類による遮断性能の差が鋼材面のさび発生と関係していることがわかりました．このことから防食機能の低下は，塗膜自体の経年劣化より，塗膜自体がもつ固有の遮断性能に支配されると考えられます．

(2) 塗膜調査方法

a) 目視調査

　塗膜調査で最も重視されており，可能なかぎり定量的に評価するため，見本写真帳などを用いて評価します．調査項目として塗膜仕上がり外観，さび，はがれ，白亜化，割れ，ふくれ，変退色，汚れ，傷などがあります．

判定基準の例として「鋼橋塗膜調査マニュアル」JSS IV 03-1993 を表1に示します。

表1　評価点の内容

評価点	内容
3	異常または劣化が全く認められないか，もしあったとしても極めて局部的でしかも微小なため，塗膜の機能から無視し得る程度のもの．
2	異常または劣化はやや見られるが，塗膜機能は維持している．
1	異常または劣化は相当進み，塗膜は機能の極限に達しているか，すでに超えている．
0	異常または劣化が進み，塗膜の存在価値を失っている．

b) 計器調査

計器調査は，測定器などの機器を用いて塗膜劣化の原因や，塗膜の耐久性試験として劣化程度を定量的に評価するために行います．計器調査の目的とそれらの結果から得られる情報の概要を表2に示します．

表2　塗膜性能の測定方法とその調査概要

調査項目	調査概要
鏡面光沢度測定	鏡面光沢度計を用いて塗膜のつやの程度を数値化する．上塗り塗膜の耐候性を推定する．
色差測定	色差計を用いて塗膜の色の変化を数値化する．上塗り塗膜の耐候性，耐汚染性を推定する．
白亜化度測定	白亜化度試験機を用いて塗膜表面の劣化程度を判定する．
インピーダンス測定	塗膜の交流インピーダンスを測定し交流抵抗値と電気容量値から周波数特性と，直流伝導度から劣化程度を推定する．
付着試験	カッターで碁盤目やクロスに切り込みを入れてテープで引き剥がす方法や，アドヒージョンテスターを用いて塗膜の付着性を数値で表す．
塗膜厚測定	塗装されている塗膜厚さを膜厚計で測定し数値化する．
ピンホールテスト	塗膜中に生じたピンホールは塗膜の耐久性を著しく低下させる．ピンホールテスターを用いて有無を調べる．湿式法 ($500\,\mu m$ 以下)，乾式法 ($500\,\mu m$ 以上) がある．
電気化学的測定	広い周波数帯での交流インピーダンス測定，素地金属面の分極抵抗測定などがある．

(3) 分析調査

分析調査は，塗膜劣化原因を明らかにする目的や，塗料の耐久性試験などにおける劣化程度を定量的に評価するため行います．表3に用いられる分析手法を例示しました．

表の「塗膜の分析」に示した略語は次の分析法です．

 EPMA： Electron Probe Micro Analysis (電子線マイクロアナリシス)
   別の名称として，XMA：Xray-Micro Analysis (X線マイクロアナリシス)

ESCA： Electron Spectroscopy for Chemical Analysis (電子分光による化学分析法)
FT-IR： Fourier Transform Infrared Spectrophotometry (フーリエ変換赤外分光光度法)
ESR： Electron Spin Resonance Spectroscopy (電子スピン共鳴吸収分析法)
GC： Gas Chromatography (ガスクロマトグラフィ)
GC/MS： Gas Chromatography/Mass Spectroscopy (ガスクロマトグラフィ/質量分析法)
HPLC： High Performance Liquid Chromatography (高速液体クロマトグラフィ)
GPC： Gel Permeation Chromatography (ゲル浸透クロマトグラフィ)

表 3 塗膜の劣化原因を知るための各種分析法

調査項目		調査目的	得られる情報
塗膜付着物の分析		塗替時期の判定	架設環境条件の推定
塩分の簡易分析		劣化原因の調査	塗膜に付着した塩分量を判断する
さびの分析		耐久性調査	さびの性状
塗膜の分析	化学分析	劣化原因の調査	特定反応種，反応生成物の検出定量
	EPMA		元素分析の定性および定量分析
	ESCA		表面の化学構造物の変化
	FT-IR	耐久性調査	塗膜の化学構造の変化
	ESR		ラジカル種の同定，定量
	GC(GC/MS)		劣化による揮発性生成物，添加剤の分析
	HPLC(GPC)		分子量，分子量分析，低分子成分の変化

80 塗膜の塗替え時期の判定はどうすればよいのですか？

さびの発生程度で塗替え時期を判定するのが一般的であり，通常さびの発生面積が 0.2～0.5% に達したときが塗替え適正時期とされています．さびの発生が目視で発見されたとき，鋼素地はそれ以上にさびが広がっていることが多く，塗替え時の素地調整費用がかかるとともに，塗替え塗膜の耐久性が短くなるため早めの塗替えが必要です．

(1) 塗膜の劣化過程について

塗膜の塗替え時期を判定する上で，塗膜の劣化過程を知ることが大切です．塗膜上に目視でさびが観察されるようになるプロセスは以下のように考えられています．

a) 塗膜下での鋼材発錆段階

塗膜表面から水や酸素が透過して，塗膜下の鋼表面にミクロセルを形成し，アノード部にさびが発生します．塗膜下で鋼材が発錆していますが，塗膜の外観変化は認められません．この段階の期間の長さは，水や塩分等腐食性物質を塗膜が遮断する性能と，塗膜が水と接している時間に左右されるため，濡れ時間が長くなる潮解性塩分がある海岸地区が最短となります．

b) さびが塗膜を貫通する段階

さびは塗膜下で水・酸素の供給を受け成長します．水・酸素の供給が多い場合は成長速度が早くなります．また塗膜の物性によりさびの成長形態が異なります．例えば鉛系さび止め～フタル酸樹脂塗料塗装系の場合は，水・酸素の透過性が高く，塗膜強度が弱いので広い面積にさびが短時間に広がります．一方，エポキシ樹脂塗料塗装系は塗膜が強靱なためさびは全面に広がらず，塗膜についた傷等の周辺に限られます．

c) さびの拡大段階

さびが塗膜を貫通すると，その周囲にマクロセルを形成し，さらに成長して目

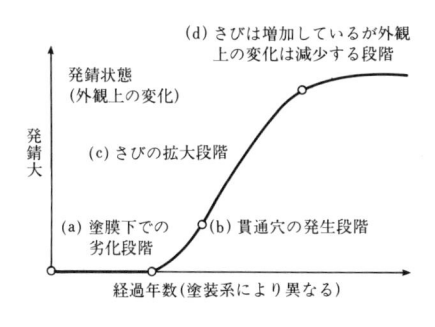

図1 塗膜の劣化モデルの説明図 (片脇 [1])

視で観察されるようになります．

このようにさびの成長速度は特に海岸・海上など濡れ時間が長い場合に比較的早く，目視でさびが観察される時期が塗替え時期となります．またこの期間を逃すと塗替えのための素地調整時にさび落としが大変となり，塗替え塗膜も十分な防食性能を発揮できなくなります．

(2) 塗替え時期の判定

図2に「鋼道路橋塗装便覧」での塗替え時期の判定図を示します．塗膜点検の結果のうち，さびとはがれについて

①当面塗替えの必要はない．

②数年後に塗替えを計画する．

③早い時期に塗替えを検討する．

の3段階で塗替えの必要性を判定しています．また，さびの発生状況を重視して判定するのが一般的であるとされています．

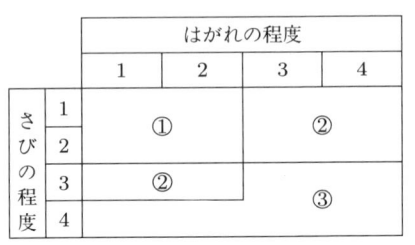

		はがれの程度			
		1	2	3	4
さびの程度	1	①		②	
	2				
	3		②	③	
	4				

図2　塗替え時期の判定
（「鋼道路橋塗装便覧」）

海洋構造物など腐食環境が厳しい場合は，さびの発生が認められたら早急に塗替えを検討することが大切です．

(図2について)
1. 図中の1, 2, 3, 4は次の4段階評価に相当する．1. 健全，2. ほぼ健全，3. 劣化している，4. 劣化が著しい．
2. 図中の①，②，③は次の評価に相当する．
    ① 当面塗替えの必要はない．
        さびとはがれが，ともに1または2の場合は，塗膜は良好な状態にあると判断されるので当面塗替えの必要はない．
    ② 数年後に塗替えを計画する．
        さびが1または2であり，かつはがれが3または4の場合と，さびが3でかつはがれが1または2の場合は，塗膜劣化の進行が今後早まることが考えられるので，数年後に塗替えを計画する．
    ③ 早い時期の塗替えを検討する．
        さびが3かつはがれが3または4の場合と，さびが4である場合には，放置すると多額の素地調整費用を要することが予想されるので，早い時期に塗替えを検討する．
        景観上の配慮を特に必要とする地域では，①または②の場合であっても，変退色が著しい場合は早い時期に塗替えを検討する．

参考資料
1) 片脇 清士：橋と塗装—橋を美しくまもる—, p.112 (1996, 山海堂)

81 塗替えはどのようにするのですか？

　塗膜点検の結果，塗替えと判定された場合は全面塗替えか部分塗替えかを決めます．塗替え塗装系として，現在塗装されている塗膜の供用期間が当初の計画どおりであるかどうかで塗装仕様を決め，塗替えするのが一般的です．

(1) 塗替え計画
　塗替えは素地調整（ケレン）と塗装の工事を指していましたが，塗膜点検を実施し塗替え時期の判断と塗装系の選定，塗替え工事までの一連のシステムとして考えるとよいでしょう．塗替え塗装系選定の手順例を以下に示します．

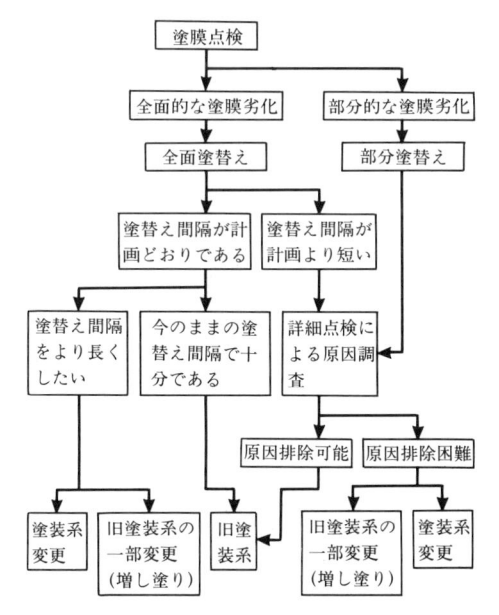

```
                    塗膜点検
                   ／      ＼
          全面的な塗膜劣化    部分的な塗膜劣化
             ↓                 ↓
          全面塗替え          部分塗替え
           ／   ＼               ↓
    塗替え間隔が  塗替え間隔が
    計画どおり   計画より短い
    である         ↓
     ／   ＼     詳細点検に
  塗替え間隔  今のままの塗   よる原因調
  をより長く  替え間隔で十   査
  したい     分である      ／   ＼
   ↓         ↓        原因排除可能  原因排除困難
   ↓         ↓           ／   ＼       ↓
  塗装系   旧塗装系の  旧塗  旧塗装系の  塗装系
  変更    一部変更   装系  一部変更   変更
         （増し塗り）       （増し塗り）
```

図1　塗替え塗装系選定手順の例

(2) 塗替え区分の選定
　一般的には鋼構造物の場合は，塗替えとしてその構造物全体を一度に全面塗替えを行っています．しかし海洋構造物では，設置されている状況や環境が異なるため，腐食程度が海中・干満部・飛沫帯・海上部などで違い，適用されている防食方法も異なります．

このため，劣化のある部位のみを塗り替えて構造物全体の塗替え時期までの期間が延長できる場合は，経済性を検討したのち部分塗替えを行います．

(3) 素地調整方法と塗装系の選定

素地調整は，発錆部のさびの除去と劣化した塗膜の除去により，塗替え塗膜の付着性と防錆性を確保するため行うものです．特に海洋環境では，さび中に塩分を含んでいると塗替え塗膜にふくれやさびを早期発生させるため，水洗を併用して十分に除去することが大切です．

塗装系の選定は，塗替えまでの期間が当初の想定期間と同一であれば，同じ塗装系で塗り替えるのが原則となります．しかし，塗替えまでの期間が短い場合は早期劣化の原因調査を行い，劣化原因の排除を行います．ただし，劣化原因の排除が困難な場合や当初の塗装系の選定が誤りであった場合は，より耐久性に優れた塗装系に変更する必要があります．

(4) 施工時期の選定

塗料には低温時に乾燥性の不良なものがあるため，施工時期が寒冷期にならないようにします．やむをえず寒冷期に施工する場合は，低温乾燥性にすぐれた塗料や塗装系に変更する必要があります．

(5) 色調の選定

色調は美観保持の重要なポイントであり，変色しにくい色調や塗料を選択します．特に彩度の高い赤系や黄系を塗装する場合は，同系のなかでも変色しにくい顔料や樹脂を用いた塗料を選定します．

(6) 塗装方法

塗替え塗装は一般的にははけ塗りで行います．しかし厚膜タイプなど，はけでは均等な膜厚が得られない塗料は，必要に応じてローラーやエアレススプレーで塗装します．この場合には，飛散対策として，静電エアレスや飛散防止シートの採用を検討することが必要です．

82 重防食被覆製品の損傷部を補修する方法を教えて下さい．

被膜部の損傷がいつ発生したかによって補修方法が異なります．また，被覆材料の種類によっても補修方法が異なります．

重防食被覆層を補修する方法には，
① 補修を行うときが重防食被覆製品の打設の前か後か
② 打設時では，補修する箇所が大気部か水中部か
③ 被覆材料がポリエチレンかウレタンエラストマーか
のいずれかによって補修方法が異なります．それぞれについて以下に具体的に補修方法を説明します．

(1) 打設前
被覆材料により補修方法が異なります．
a) ポリエチレンの場合

① 中央部より加熱しチューブを収縮させる 　　② 次にチューブ全体を加熱し収縮密着させる
写真 1　熱収縮チューブによる補修方法の例（「土木構造物の腐食・防食 Q & A」[3]）

パッチ材を密着させる
写真 2　パッチによる補修方法の例（「土木構造物の腐食・防食 Q & A」[3]）

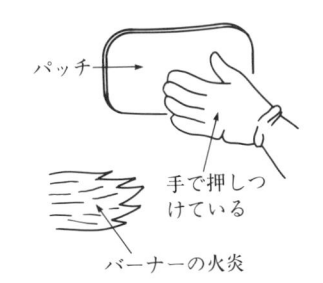

ポリエチレン製の熱収縮チューブ(写真1)やパッチ(写真2)を被覆層の損傷部にあてがい，その上からバーナー等で加熱して溶着させます．

b) ウレタンエラストマーの場合

補修用のウレタンエラストマー塗料により被覆層の損傷部を塗装します．

(2) 打設後

ポリエチレン，ウレタンエラストマーともに同じような補修方法を用います．ただし，補修箇所が大気中か水中かによって補修方法が異なります．

a) 大気中

打設前と同じ方法で補修します．

b) 水中

損傷した被覆層を剥がした後で，水中硬化型エポキシ樹脂で塗覆補修するか，ペトロラタム層を介した保護カバーを取り付けます．

なお，作業手順などについては参考資料を参照して下さい．

参考資料
1) 鋼管杭協会：重防食鋼管杭・重防食鋼管矢板の施工の手引き (1990)
2) 鋼矢板技術研究委員会：重防食鋼矢板の施工の手引き (1990)
3) 鋼材倶楽部：土木構造物の腐食・防食 Q & A, p.125 (1992)

83 水中施工で重防食被覆製品の損傷部を補修する方法を教えて下さい．

> 被覆層の損傷程度に応じて，水中塗装が可能な塗料か，あるいはペトロラタムと保護カバーを組み合わせた補修材料のいずれかを補修材料として選びます．

重防食被覆製品の水中での補修方法には以下のようなものがあります．

(1) 水中施工

a) 水中硬化型エポキシ樹脂による補修方法

補修に当たり補修する箇所を機械的に洗浄しておきます．あらかじめ陸上で2液型のエポキシ樹脂材料を混合しておき，補修箇所を洗浄後速やかにパテなどの工具による手作業で，厚さ3～10 mmに圧着・被覆します．

このほかに，はけ塗りが可能な液状化したものを塗布する方法，被覆の補強のためにあらかじめ補修鋼面に金網を貼り付けておき，その上から補修塗料を圧着する方法，あらかじめ取り付けておいた型枠を用いて樹脂を注入し，硬化後型枠を取り外す方法，などがあります．

b) ペトロラタム＋保護カバーによる補修方法

防食材料として優れた性能をもつペトロラタム層とFRPのような保護カバーを組み合わせたものを補修箇所に被覆します（図1）．

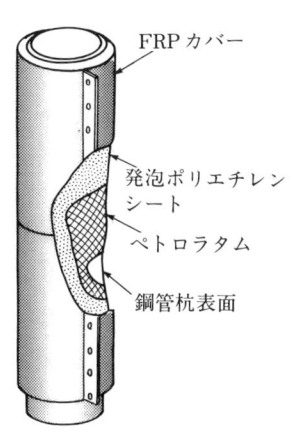

図1 ペトロラタム＋FRP保護カバーによる補修例
（「土木構造物の腐食・防食Q＆A」[5]）

(2) ドライ作業装置を用いた補修方法

補修箇所の周辺に，図2に示すようなドライ作業が可能な装置を設置し，所定の補修作業を大気中と同じように行います．この方法は他の補修方法に比べて補修を確実に行える一方で工費がかさみます．

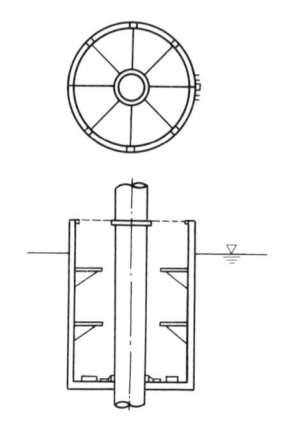

図2 ドライ作業装置（「土木構造物の腐食・防食 Q & A」[5]）

参考資料
1) 沿岸開発技術研究センター：港湾鋼構造物防食補修マニュアル (1998)
2) 建設省土木研究所，鋼管杭協会：海洋鋼構造物の防食指針・同解説 (案)(飛沫帯・干満帯編) (1990)
3) 鋼管杭協会：重防食鋼管杭・重防食鋼管矢板の施工の手引き (1990)
4) 鋼矢板技術研究委員会：重防食鋼矢板の施工の手引き (1990)
5) 鋼材倶楽部：土木構造物の腐食・防食 Q & A, p.127 (1992)

84 金属系防食被覆の補修方法を教えて下さい．

金属系防食被覆が損傷して素地鋼材が露出した箇所を補修する方法として，
① 無機もしくは有機被覆
② 電気防食の設置
が奨められます．補修状況によって，単独か両者併用が考えられます．

金属系防食被覆は素材である鋼材の腐食を防ぐために，高耐食性金属であるステンレスやチタン，モネルなどによる被覆が用いられます．このような防食材料が部分的に損傷して，その結果，素地の鋼材が露出する状態になると，異種金属接触状態になり，素地鋼材の腐食が促進されるようになります．このような箇所の代表的な補修方法としては
(a) 同一材料で被覆する．
(b) 無機もしくは有機被覆を施す．
(c) 電気防食を適用する．
があげられます．(a) は補修箇所や損傷状態によっては適用が困難であり，現在も技術開発が進められています．それに対して (b) と (c) は，補修技術としてはほぼ完成されています．補修箇所の部位や大きさによって (b) と (c) の単独か両者を併用するかが決められます．なお，上記 (b) で実際に適用されている補修の例を以下に列記します．

1) 無機被覆
   ① セメントモルタルライニング
   ② 鋼製型枠＋セメントモルタルライニング
   ③ 金属被覆
2) 有機被覆
   ① FRPライニング
   ② レジンモルタルライニング
   ③ 収縮ポリエチレンライニング
   ④ 水中施工型ライニング
   ⑤ ペトロラタムライニング(保護カバー付き)

85 防食材料の実環境を考慮した室内促進試験法について教えて下さい．

　腐食試験の使用目的は，品質管理（工場出荷検査，受入検査など）と材料評価（材料開発試験，材料施工性試験，腐食クレーム再現試験，腐食機構解明試験など）に大別されます．品質管理を目的とした腐食試験は，日本工業規格（JIS）や各メーカーの購買規格として規格化されています．例えば，大気腐食の分野では，塩水噴霧試験法（Z 2371）がそれにあたります．塩水噴霧試験法は塩水を噴霧した環境での基本的な腐食特性を検査する試験法として現在も一般的に使われていますが，実環境の腐食を再現していません．そのため，材料の耐食性を評価するために数多くの腐食試験法が提案されていますが，実用性能や寿命推定ができる試験条件がいまだに明確になっていません．

　腐食試験法は，腐食現象をそのまま再現する「腐食再現試験法」と，腐食を促進する「腐食促進試験法」とがあります．材料評価では，前者は非破壊試験法，後者は破壊試験法に分類されます．また，使用目的別にみると，品質管理（工場出荷検査，受入検査など）と材料評価（材料開発試験，材料施工性試験，腐食クレーム再現試験，腐食機構解明試験など）に大別されます．品質管理を目的とした腐食試験は，日本工業規格（JIS）や各メーカーの購買規格として規格化されています．
　大気腐食の分野では，塩水噴霧試験法（JIS Z 2371）がそれにあたります．この規格は，金属材料またはめっき，無機被膜もしくは有機被膜を施した金属材料の耐食性を塩水試験によって判定する方法について規定しています．金属材料の大気腐食試験では最も一般的な腐食試験方法です．

　　噴霧水溶液：5％±1％mass 塩化ナトリウム水溶液（pH：6.5～7.2）
　　　温　度：35±2℃
　　　噴霧器：1～2 ml/hr（80 cm^2）

　塩水噴霧試験が実際の腐食条件を再現していないことから，図1に示した塩水噴霧，湿潤，乾燥，冷凍などの環境条件を複合的に組み合わせた複合サイクル腐食試験が規格化されています．このサイクルに光照射（サンシャインウェザーなど）を適宜加えて実環境に類似した複合サイクル腐食試験も提案されています．例えば，複合サイクル腐食試験に関する JIS 規格として，一般さび止めペイント

(K 5621-1992) の耐複合サイクル防食性の評価法が規格化されいます．サンシャインカーボンアーク灯式紫外線照射を 60 時間行ったのち，下記の複合サイクル試験を 28 サイクル行い，試験片の周辺 10 mm 以内，および塗膜に付けた傷の両側 2 mm 以内の塗膜は，評価の対象外としてさび汁による汚れも評価の対象外として，試験片 3 枚中 2 枚の塗膜に，ふくれ，はがれ，さびを認めないときには，「28 サイクルの試験に耐える」とすることが規定されています．この試験法は，日本塗料検査協会が推奨したもので，普通鋼の上に油性のさび止め塗料を塗布した系について CCT 条件を変え，屋外暴露結果との相関を調べて，このサイクル条件を選定した．相関性は千倉基準で 0.91，銚子基準で 0.91，藤沢基準で 0.96，促進率は千倉基準で 5.28，銚子基準で 13.88，藤沢基準で 17.14 と報告されています．この腐食促進試験法は，さび止め塗料についての評価法であり，下地金属は鋼板であることから，さび止め塗料以外の塗装や有機ライニング材料を対象とした腐食促進試験法ではないことに注意が必要です．

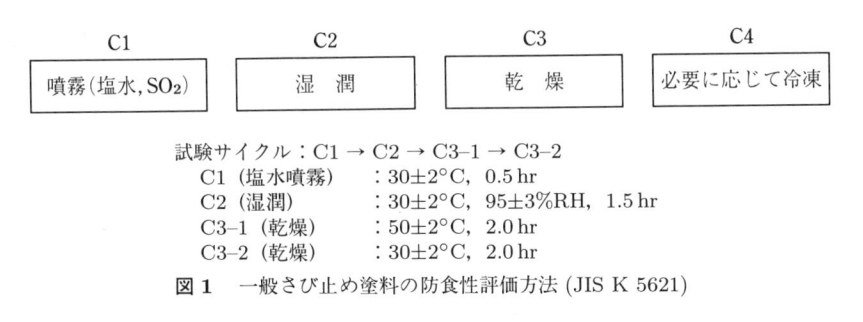

C1	C2	C3	C4
噴霧(塩水, SO_2)	湿潤	乾燥	必要に応じて冷凍

試験サイクル：C1 → C2 → C3–1 → C3–2
　C1（塩水噴霧）　　：30±2°C，0.5 hr
　C2（湿潤）　　　　：30±2°C，95±3%RH，1.5 hr
　C3–1（乾燥）　　　：50±2°C，2.0 hr
　C3–2（乾燥）　　　：30±2°C，2.0 hr

図1　一般さび止め塗料の防食性評価方法 (JIS K 5621)

　海洋環境を再現した腐食促進試験法はいまだに得られていません．このようなことから，信頼性の高い評価を得るために，海洋暴露試験が行われています．

86 塗膜の性能評価はどのようにして行うのですか？

塗膜の性能評価試験は JIS K 5400 の「塗料一般試験方法」に基づいて試験されます．また，各官公庁規格も制定されており，使用する塗料の性能を評価しています．なお，JIS K 5400 は 2002 年 4 月をもって，JIS K 5600 に変更されます．

JIS K 5400 の塗料一般試験方法には，塗料の性状から塗膜性能に関する試験方法が詳細に記述されています．表1に記載されている試験方法をまとめます．

表1 JIS K 5400 および JIS K 5600 に記載されている試験方法

塗料性状	容器の中での状態，透明性	塗膜の抵抗性試験	耐屈曲性，エリクセン値
	色数，しみ，粘度，密度		耐衝撃性，鉛筆引っかき値
	分散度，混合性，ポットライフ		付着性，付着強さ
	希釈性		耐摩耗性
貯蔵性	低温安定性，皮張り性		耐洗浄性，不粘着性
	常温貯蔵安定性		塗膜の加熱安定性，耐加熱焼付性
	加温貯蔵安定性		耐水性，耐沸騰水性
膜形成機能	塗装作業性		耐アルカリ性，耐酸性
	塗り面積		耐塩水性，耐揮発油性
	乾燥時間，研磨容易性		
	上塗り適合性		
	重塗り適合性		
視覚特性試験	塗膜の外観	長期耐久性	耐塩水噴霧性，耐湿性
	隠ぺい性		耐冷熱繰返し性
	塗膜の色		耐湿潤冷熱繰返し性
	鏡面光沢度		促進黄色度，白亜化度，耐光性
			促進耐候性，耐候性，防せい性
			耐複合サイクル防食性

各官公庁も橋梁などに使用する塗料の品質規格を制定しています．例えば，日本道路公団では「鋼構造物施工管理要領」の中で，各塗料は使用に先だち，その品質が所定の規格に適合することを証明する品質規格証明書を提出しなければならないと規定しています．試験項目は使用する塗料によって異なりますが，防食性に関しては，耐複合サイクル防食性と暴露防食性で評価しています．

耐複合サイクル防食性試験は，表2のサイクル試験を行い，塗膜の防食性を評価する試験方法です．従来の塩水暴露試験結果が暴露防食性の結果と必ずしも相

関性がとれているといえないので，従来の塩水噴霧試験に湿潤と乾燥のような実際の暴露に近い要素を取り入れた試験方法になっています．

表 2　JIS K 5400 耐複合サイクル防食性試験　1 サイクル (6 時間)

30 ℃塩水噴霧 (0.5 時間) → 30 ℃ 95%RH 湿潤 (1.5 時間) → 50 ℃乾燥 (2 時間) → 30 ℃温風乾燥 (2 時間)

そのほかに促進耐候性試験が広く行われています．JIS K 5400 ではサンシャインカーボンアーク灯式耐候性試験と，キセノンアーク灯式耐候性試験が規定されています．

サンシャインカーボンアークウェザーメーターは，太陽光の分光分布に近いサンシャインカーボンアーク電極を光源に使用します．380 nm の波長にピークを有し，可視および赤外部にも高いエネルギーをもち，250 nm 以下の紫外線領域をフィルターでカットしています．紫外線カーボンアーク方式の 2〜5 倍促進性があるといわれています．しかし，今後 JIS の促進耐候性試験は，JIS K 5600 に規定されるキセノンアークウェザーメーターになります．

キセノンアークウェザーメーターは，赤外領域に大きなエネルギーがあるキセノンランプを光源に使用します．赤外カットフィルターを使用して太陽光に近いエネルギー分布にしていますので，屋外暴露試験結果と相関性が良いとされています．2002 年 4 月から運用される JIS K 5600 において，促進耐候性試験はキセノンアークウェザーメーターになり，ISO と整合することになります．サンシャインカーボンアーク灯式耐候性試験と比べて，促進性は低くなる塗料もあります．

87 現在行われている主な海洋暴露試験場および暴露試験データについて教えて下さい．

> 海洋開発のために必要な素材の暴露試験が，公的機関と企業組織の共同で25年ほど前から行われてきました．そして，その成果は年度報告書として逐次まとめられています．

海洋国日本といわれるように，わが国は周囲を海に囲まれた立地にあります．そして海洋の利用は資源利用や産業の発展に不可欠の要素です．戦後の経済発展に合わせて，海浜・海洋の開発が進められ，それに必要な素材を整えてきました．

しかし，海洋構造物の建設・維持からみると，使用される材料の耐久性(耐食性)に関する技術的知識が必ずしも十分とはいえず，試行錯誤的な技術要素の組合せをせざるを得なかったのが，その当時の実情でした．設備投資の効率化，そして社会資本の維持管理が重視されるようになってから，ようやく実環境における海洋開発材料の系統的な知識の蓄積の必要性が関係者の間で認識されるようになり，25年前頃から公的暴露試験場の設立と運営が行われるようになりました．そしてそれらから得られた試験成果が，新設の海洋構造物の防食材料として生かされるようになりました．

最近は21世紀に向けて，今日までの社会資本の保守・管理に加えて，今後新設される構造物の耐久性向上に対して，上記の公的暴露試験場で得られる知見に対する期待がいっそう高まってきています．

表1に今日まで行われ，さらに今後も継続して利用される公的暴露試験場と得られた成果を一覧表にまとめました．それぞれの試験場の成果については，関連する機関から以下の名称で年度ごとの報告書や総括編でまとめられています．

(1) 駿河湾試験場は正式名称が「海洋技術総合研究施設」です．

この施設の所管は国土交通省中部地方設備局静岡河川工事事務所ですが，技術などの問い合わせ先は独立行政法人土木研究所になります．現在，実施・継続されている研究主題は「防食等による海洋構造物の耐久性向上技術に関する研究」です．これまでの研究成果が，総括報告書として1995 (平成7) 年12月に刊行され，その題名は「海洋構造物の耐久性向上技術に関する共同研究報告書—暴露期間10年後の研究成果」となっています．

表1 公的な海洋環境暴露試験場 (1999年12月現在)

No.	試験場所 試験期間	試験機関	研究施設 (研究目的)	主要な暴露材料		研究成果
1	駿河湾 1984～	土木研究所, 土木研究センター, 鋼材倶楽部, 他	防食等による海洋構造物の耐久性向上技術に関する研究	塗装	洋上部	14年経過の結果から重防食 (ZRP/エポキシ/ふっ素) 塗装系は耐久性防食性共に優れていた. また, 上塗りがフタル酸, 塩化ゴム等一般塗装仕様ではチョーキングが顕著だった.
				耐海水鋼, 耐食性金属 ライニング, 塗装 被覆コンクリート, 電気防食等	飛沫帯・干満帯以下	耐海水性鋼は, 飛沫帯/海中部にかけて, 普通鋼の約70%の腐食量であったが, 不均一腐食が目立った. ステンレス鋼のすき間腐食は電気防食により防止可能. チタンはほとんど腐食が観察されない. ライニング・塗装系は素材鋼種を問わず健全な耐食性を示している.
2	波崎 1984～	沿岸開発技術研究センター, 他	現地施工による鋼管杭各種防食工法の耐久性, 防食性	塗装, 被覆, ライニング, コンクリート, 電気防食, 等		10年経過でポリエチレン被覆鋼管の耐食性劣化なし. ポリエチレンの部分補修被覆一部の工法を除き3年以上経過で良好 流砂摩耗は電気防食の適用で防止可能. 腐食モニタリング−絶縁抵抗等の測定方法−の検討
3	千葉沖 1975～1986 阿字ヶ浦 1976～1998	建設省土木研究所, 鋼管杭協会, 他	防食鋼管杭の開発とその海洋暴露試験	鋼, 耐食金属, 耐海水鋼, 非鉄, 塗装, ライニング, モルタル, 防汚塗料, 溶射, 等		20年以上の防食耐久性が期待できるライニング材は (1) ポリエチレンライニング (2) ポリウレタンライニング (3) ポリウレタンゴムライニング (4) 異種金属接触腐食対策のあるステンレス鋼ライニング材 であり, (1)と(2)は実用に供されている. また無機ジンク+タールエポキシの耐久性評価が良で, 実用に供されている.
4	フィリピン/ミンダナオ島 カガヤン・デ・オロ 1983～ シンガポール/ジュロン 1983～1993	鋼管杭協会	熱帯海域における鋼材と防食材の暴露−防食と防食耐久性−	裸材 (鋼管, L形鋼, 鋼矢板) 鋼種 (SS,SPG,SY, 耐海水鋼) モネル, 塗装, 被覆, 電気防食, 等		15年経過で熱帯海域特有の腐食現象は顕出されず, 鋼材の腐食速度は日本の海域とほぼ同じであった. 電気防食の効果はあるが, 必要な防食電流密度は日本海域よりも高い. 各種有機被覆防食の耐久性は良好であった.
5	沖の鳥島 1992～	土木研究所	海洋環境における建設材料の耐久性	各種金属材料, 塗装		腐食環境は本土周辺の最も厳しい腐食性をもつ. 5年経過したところで, 被覆材の表面変色以外に特筆される性能低下は観察されていない.

(2) 波崎試験場は正式名称が「波崎海洋研究施設」です．

この施設の所管は独立行政法人港湾空港技術研究所です．現在の研究主題は「現地施工による鋼管杭の各種防食工法の耐久性防食効果の検証」となっています．主な報告書は次の2つがあげられます．

(a) 鋼管杭の防食法に関する研究—総括報告書 (1995)
(b) 鋼管杭の防食工法に関する現地試験 (中間報告) (1990)

(a) は過去10年間の研究の歩みを基調としているのに対して，(b) は年度調査の現状がわかり，どのような評価試験が適用されているかを知ることができます．共同研究機関は，(財) 沿岸開発技術研究センターと (社) 鋼管杭協会です．

(3) 千葉沖および阿字ヶ浦の各試験場は，初期の試験目的である「防食鋼管杭の開発とその海洋暴露試験」が所定計画の11年および22年で完了しました．

その成果は，千葉沖については鋼管杭協会から「防食鋼管杭の開発とその海洋暴露試験記録 (その12) (1989)」また，阿字ヶ浦については建設省土木研究所資料として「外洋に20年間曝露した防食鋼管杭の耐食性試験報告書 (2000)」としてそれぞれ報告されています．

(4) フィリピンならびにシンガポール各試験場は「熱帯海域における鋼材と防食材の曝露—腐食と防食耐久性—」を研究主題としています．1997 (平成5) 年にシンガポールは暴露10年経過で終了し，現在はフィリピンのみで，試験が継続されています．

その研究成果は「熱帯海域における鋼材と防食材の暴露試験—暴露7年後の中間報告」として，1992年 (平成4) に刊行されています．

(5) 沖の鳥島試験場は「苛酷環境における土木用鋼構造材料の耐久性評価」を研究主題としています．すでに5年以上の暴露経過になっています．

その試験報告書は「共同研究書」として1999年にまとめられています．この試験目的は「腐食環境の苛酷性」と「高耐食性金属材料の耐久性」を把握することにあります．これまでの他の海域とは違った知見が得られることが期待されています．

以上の各試験場の研究成果は主として外観観察からなっていますが，一部試験片による実験室評価が加味されています．その評価は防食材料のもつ防食性能を定量的に把握できる試験法で行われています．

索　引

【あ】
アーク溶接 43
ISO 81
亜鉛末 58
安全 176

【い】
維持管理 158
異種金属接触腐食 14, 126, 139
一般点検 162
陰極（カソード）防食 141
陰極防食 144, 148

【う】
ウェザーメーター 195
ウェブ 83
ウレタンエラストマー 23, 187
ウレタンエラストマーライニング 99

【え】
エアレススプレー 69, 75, 79
ASTM 81
A塗装系 85
エサホーム 86
SPSS 81
エッジ部 80
エッジ部分 49
FRPライニング 191
エポキシ樹脂 62, 68
MIO塗膜 83
LCC 60, 88
LCC (Life Cycle Cost) 1
エレクトロコーティング 148
塩化物 10
塩水噴霧試験法 192
塩素イオン 84
塩素イオン濃度 84

【お】
塩分 81
塩分付着量 83

【お】
沖の鳥島 198

【か】
海上橋 45
海上大気部 8, 30
海上大気部外面用塗装系 70
海中部 8, 30
海中溶接 43
海底土中部 8, 30
外部電源方式 22, 32, 142, 156, 158
海洋環境 128
海洋技術総合研究施設 196
海洋暴露試験 193
ガスシールドアーク溶接 43
環境対策 176
過防食 154, 158
カラーデザイン 56
ガラスフレーク 68
ガラスフレーク塗料 68
環境色彩計画 56
環境制御 21
環境対応型塗料 66
関西空港連絡橋 36
乾食 3
干満帯 6, 8, 30, 68
管理電位 159, 161

【き】
キセノンアークウェザーメーター 195
期待耐用年数 27, 50
キュプロニッケル 24, 122, 132
極値統計 170
極値統計処理 170

局部腐食 12
金属系防食 191
金属被覆 21, 24, 30, 120, 122, 126, 191
金属被覆材 124
金属腐食 3

【け】

景観性 109
計器調査 180, 181
経済性 153

【こ】

孔食 130, 139
孔食指数 130
鋼製型枠＋セメントモルタルライニング ... 191
高耐久性塗料 60
高耐食性金属 33
光沢保持性 95
公的機関 196
公的暴露試験場 196
高摩擦有機ジンクリッチペイント 64
交流インピーダンス法 175
コンクリート 152

【さ】

サンシャインカーボンアーク
  ウェザーメーター 195
酸素濃淡電池 12, 18, 32
残存耐用年数 168
残存腐食許容量 168

【し】

COMS 95
C塗装系 85
試験法 198
指針 176
下フランジ下面 48, 83
湿食 3
遮断作用 47
収縮ポリエチレンライニング 191
集中腐食 6, 13
重防食塗装 33
重防食塗装系 45, 94
重防食被覆 23, 30, 106, 108,
                        109, 111, 113, 114
重防食被覆製品の水中での補修方法 189

重防食被覆層を補修する方法 187
照合電極 161
初期防食電流密度 146
除錆度 78
新規機能性塗料 64
ジンクリッチプライマー 68
ジンクリッチペイント 58, 78, 83, 94

【す】

水中硬化型エポキシ樹脂 189
水中硬化型塗料 62
水中施工型ライニング 191
すき間腐食 130, 139
スタッド溶接 43
ステンレス 120
ステンレス鋼 24, 130, 139, 140, 151

【せ】

施工管理 114
施工方法 156
接合部 124
セメントモルタルライニング 191
全工場塗装 73, 85
潜水作業 177
全水性塗装システム 74

【そ】

促進試験法 192
促進率 193
素地調整 63, 78, 81, 92, 93
損傷部 187, 189

【た】

タールエポキシ樹脂塗料 68
耐海水性ステンレス鋼 122
耐久性 196
耐候性 85, 97
耐食材料 21
耐複合サイクル防食性試験 194
耐用年数 27, 33

【ち】

チタン 24, 120, 122, 134, 138–140
チタンクラッド鋼板 36, 135
チタン溶射被膜電極 152
千葉沖および阿字ヶ浦 198

索引

着色顔料 97
超厚膜エポキシ樹脂塗料 68
超厚膜型エポキシ樹脂塗料 36
超厚膜型塗料 79
長期防食 70
超長期防食設計 36

【つ】
継手部 106

【て】
DIN 81
定常防食電流密度 146
低素地調整面適性 94
手工具 81
電位測定 174
電位分布 154
電位-pH 図 4
電気化学 174
電気防食 15, 21, 22, 30, 33, 141, 144,
             146, 148, 151–153, 156, 158, 171
電気防食と有機ライニング併用 33
電食 15
電動工具 83

【と】
東京湾横断道路 36
動力工具 81
塗装 21, 23, 27, 30
塗装の品質管理 78
塗装費 88
塗膜寿命 78, 92, 93, 95
塗膜性能 194
塗膜調査 95
塗膜の早期欠陥 178
塗膜の調査・点検方法 180
塗膜の劣化過程 183
塗膜劣化 90, 92, 93
ドライ作業装置 190

【な】
波崎海洋研究施設 198

【ぬ】
塗替え 185
塗替え時期の判定 184

【ね】
熱収縮チューブ 188

【は】
背面土中部 8
暴露試験 97, 111, 196
はけ塗り 75
パッチ 188

【ひ】
BS 81
非金属被覆 22, 24
微生物腐食 19, 124, 139
ビニルエステル樹脂 68
被覆アーク溶接方式 43
被覆厚さ 108
被覆防食 21
皮膜抵抗 174
飛沫帯 6, 8, 30
表面処理 33
表面清浄度 81

【ふ】
VOC 53, 66
Pourbaix diagram 4
不均一腐食 6
複合サイクル腐食試験 192
複合被覆 27
複合防食 153
ふくれ 95
腐食 113
腐食再現試験法 192
腐食しろ 39, 113
腐食促進試験法 192, 193
腐食速度 168
腐食評価調査方法 172
付着塩分 83
付着生物 18
物性評価 174
ふっ素樹脂塗料 97
不溶性 (難溶性) 陽極 142
ブラスト 78, 81
ブラスト機 63
分析調査 180, 181

【へ】

ペトロラタム 171
ペトロラタムライニング 27, 133
ペトロラタムライニング工法 103
ペトロラタムライニング (保護カバー付き)
  191
変性エポキシ樹脂塗料 94
変退色 95

【ほ】

防食機能 47
防食効率 169
防食仕様 30
防食性 194
防食電位 141, 144, 151, 161
防食電流密度 146, 151
防食塗装設計 50
防食法 21
法令 176
補修 187, 189
補修時期の判定 164
補修方法 171
ポリウレタン樹脂塗料 97
ポリエチレン 23, 187
ポリエチレンライニング 99
本州四国連絡橋 36

【ま】

膜厚管理 80
マクロセル 32
マクロセル腐食 10

【み】

ミルスケール 81

【む】

無機系防食法 120
無機被覆 27, 191
無機被覆法 23

【め】

面取り加工 49

【も】

目視観察 172
目視調査 180
モニタリング 174
モネル 24, 120, 122, 132
モルタル 171
モルタル (コンクリート) ライニング 24
モルタルライニング 120

【ゆ】

有害重金属 53
有機被覆 124, 191
有機被覆法 23
有機ライニング 21, 23, 27, 33
有機ライニング材 124

【よ】

陽極 (アノード) 防食 141
溶接金属 42
溶接工 43
溶接材料 43
溶接条件 43
溶接施工 43
溶接部 42
溶存酸素 10
余寿命予測 168

【ら】

ライニング工法 171

【り】

流電 (犠牲) 陽極 142
流電陽極 15
流電陽極方式 22, 32, 142, 156, 158
臨時点検 163

【れ】

レジンモルタルライニング 191
劣化機構 90

【ろ】

ローラーブラシ塗装 75

海洋鋼構造物の防食Q＆A	定価はカバーに表示してあります
2001年10月20日　1版1刷発行	ISBN 4-7655-1621-0 C3051

	編　者	社団法人鋼材倶楽部
	発行者	長　　　祥　　　隆
	発行所	技報堂出版株式会社
		〒102-0075　東京都千代田区三番町8-7
		（第25興和ビル）
日本書籍出版協会会員	電　話	営業　(03)(5215)3165
自然科学書協会会員		編集　(03)(5215)3161
工学書協会会員		FAX　(03)(5215)3233
土木・建築書協会会員	振替口座	00140-4-10
Printed in Japan		

Ⓒ The Kozai Club, 2001　　　装幀　海保　透　　印刷　エイトシステム　　製本　鈴木製本

落丁・乱丁はお取替えいたします．

本書の無断複写は，著作権法上での例外を除き，禁じられています．

● 小社刊行図書のご案内 ●

書名	編著者	判型・頁数
土木用語大辞典	土木学会編	B5・1700頁
鋼構造用語辞典	日本鋼構造協会編	B6・250頁
土木工学ハンドブック（第四版）	土木学会編	B5・3000頁
鋼構造技術総覧［土木編］	日本鋼構造協会編	B5・480頁
騒音制御工学ハンドブック	日本騒音制御工学会編	B5・1308頁
鋼構造物の疲労設計指針・同解説 —指針・解説/設計例/資料編	鋼材倶楽部編	B5・358頁
土中鋼構造物の防錆技術Q&A	鋼材倶楽部編	A5・128頁
橋梁の耐震設計と耐震補強	Priestleyほか著／川島一彦監訳	A5・514頁
鋼橋の未来 —21世紀への挑戦	成田信之編著	B5・324頁
これからの歩道橋 —付・人にやさしい歩道橋計画設計指針	日本鋼構造協会編	B5・250頁
鋼製ゲート百選	水門の風土工学研究委員会「鋼製ゲート百選」選定委員会編	B5・146頁
鋼構造接合資料集成3・溶接接合［鋼橋］	日本鋼構造協会接合小委員会ほか編	B5・320頁
景観統合設計	堺孝司・堀繁編著	B5・140頁

● 土木学会編 新体系土木工学

	書名	編著者	判型・頁数
82	港湾施設の設計	松並仁茂編著	A5・286頁
83	港湾施設の施工	浦江恭知編著	A5・328頁
85	海洋施設の設計と施工	北島昭一編著	A5・274頁

技報堂出版　TEL編集03(5215)3161 営業03(5215)3165　FAX03(5215)3233